情绪心理学：

你的情绪为何总被他人左右

陈荣◎编著

国家一级出版社 中国纺织出版社 全国百佳图书出版单位

内 容 提 要

我们都知道对生活应该抱以积极乐观的态度，所谓“爱笑的人运气不会太差”，好情绪带给人向上的正能量，正能量就是好运气的源头。而与之相反的坏情绪，则是偷偷影响人们身心和行为的负能量。

本书是一本帮助读者改变坏情绪、赶走负能量、提升幸福感的心理自助读本。在对情绪有一个基本认知的前提下，帮助读者摆脱负面情绪的干扰，摆脱对人生的担忧，就能让好运伴随好心情常驻你的心间。

图书在版编目（CIP）数据

情绪心理学：你的情绪为何总被他人左右／陈荣编著.—北京：中国纺织出版社，2018.11（2024.7重印）
ISBN 978-7-5180-5401-5

Ⅰ.①情… Ⅱ.①陈… Ⅲ.①情绪—心理学—通俗读物 Ⅳ.①B842.6-49

中国版本图书馆CIP数据核字（2018）第211629号

责任编辑：闫 星　　特约编辑：王佳新　　责任印制：储志伟

中国纺织出版社出版发行
地址：北京市朝阳区百子湾东里A407号楼　邮政编码：100124
销售电话：010—67004422　传真：010—87155801
http：//www.c-textilep.com
E-mail：faxing@c-textilep.com
中国纺织出版社天猫旗舰店
官方微博http：//weibo.com/2119887771
永清县晔盛亚胶印有限公司印刷　各地新华书店经销
2018年11月第1版　2024年7月第4次印刷
开本：710×1000　1/16　印张：15
字数：168千字　定价：78.00元

前言

有好心情自然有好运气，有好心态自然有好福气。当那些令人不愉快的、不喜欢的情绪出现时，我们的大脑会将之判定为负面情绪。但实际上，当一个人带着觉知，而不是无意识地去看待这些情绪的时候，就会发现情绪和感受没有好坏之分，更不存在所谓的“负面情绪”。人们之所以认为某些情绪是负面的，那是因为他们无法控制情绪，任由消极情绪牵着鼻子走，所以才认为那是消极的，是不利于自己的。

事实上，如果不能有效掌控情绪，坏情绪会给生活带来许多负面影响。生活中，若是负面情绪袭来，有可能一件很细微的事情，很平常的话，都可以让人憋闷生气、满口抱怨、大发脾气，搞得自己不好受不说，身边的人也觉得莫名其妙。当一个人被负面情绪裹挟的时候，就连他身边的空气中都弥漫着紧张、压抑。不仅如此，坏情绪带来的影响是持续性的——他手上的事情会做得越来越不顺，运气越来越差，心情越来越糟糕，情绪和运气陷入了无休止的恶性循环。这时，人们往往会感叹：确实是运气不好。然而，真相却是坏情绪赶走了好运气。

有好情绪，才会有好运气。生活中，那些经常保持着良好情绪的人，总会把遇到的一切都当成上天的恩赐。因为怀着好心态，所以他身上散发出的气场就如同阳光一般温暖着自己和他人。相反，那些总被坏情绪控制的人，常常牢骚满腹、自卑压抑，在他看来所有的不公平都是上天故意为难自己，心中的怒气不论是对内攻击还是对外攻击，都是伤人害己。结果，每一个过度反应的情绪，都需要自己买单。

俗话说“家和万事兴”，道的就是这个理儿。一个人若是生活在和谐美满的家庭里，做什么事情都是顺顺利利，所以万事兴，好情绪带来好运气。一个人有过度的情绪反应，是智慧不够、修养不够的结果。生活中我们会遇到各种情绪，当一个人可以有效控制自己的情绪时，他是优雅而得体的，也是成功的，因为好情绪会带来好运气。智慧如你，别让坏情绪赶走好运气。

编著者

2018年2月

目录

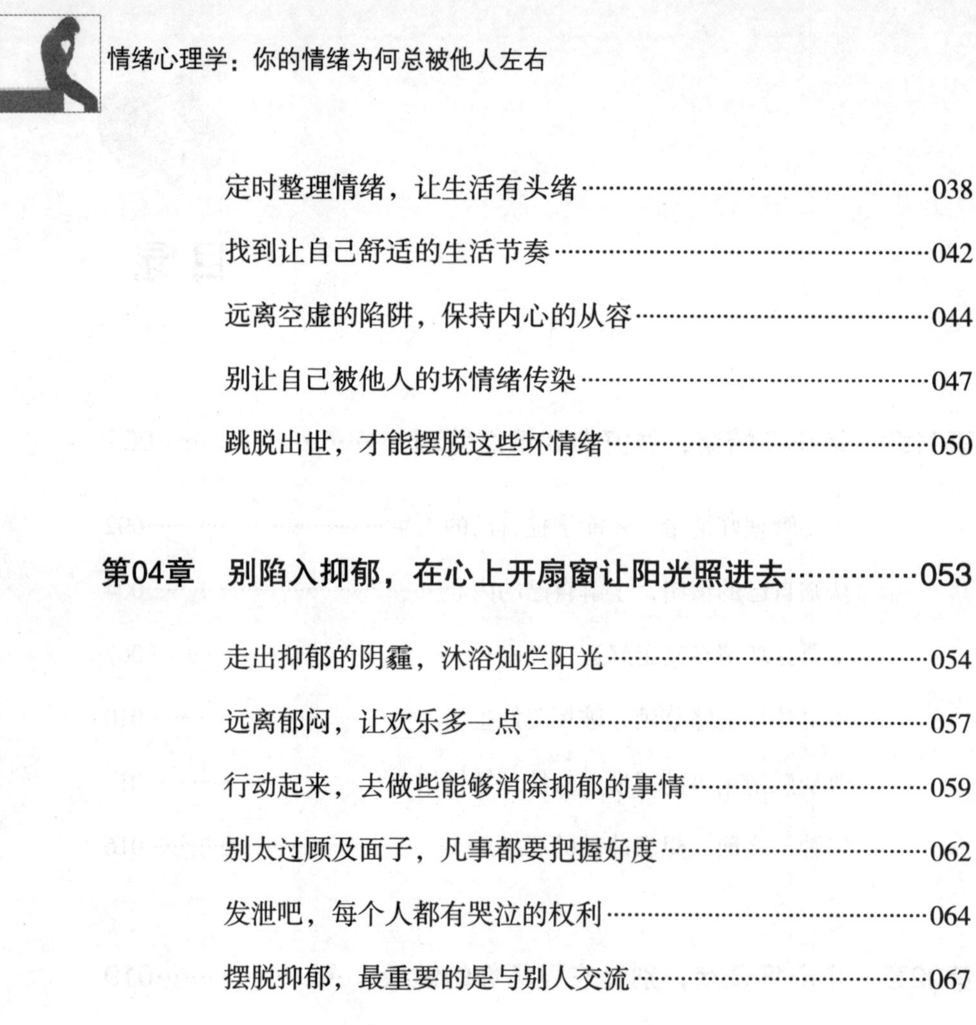

第01章 认识坏情绪，做好自我情绪管理

先要管理好情绪，才能掌控自己的人生

每个人都有情绪，喜、怒、哀、乐是我们生活中的常态，我们不可能完全摆脱情绪，能做的只是认识到自己的情绪，让自己在情绪的世界里活得更好。的确，人感觉到的，就是所拥有的，人感觉到的越多，所拥有的也就越多。生活告诉我们，拥有好情绪，就是胜利的保证。做人乐观、积极，我们就能朝着胜利的方向迈进。每个人今天的命运状况，或许都是自己昨天不一样情绪导致的结果。因此，我们任何一个人，都要学会解读人生密码，才能认清人生方向，才能朝着这一方向大步迈进。

我们先来看下面这个求职故事：

凯恩在一家汽车修理厂工作，他做这行已经五年了，尽管生活过得马马虎虎，但他觉得自己不能一直这样下去，他也想成功。正巧，最近他看到报纸上刊登了一则招聘启事：某汽车公司高薪聘请修理部经理，凯恩很想去试试。

这天晚上，他早早地上床睡觉了，但也不知道怎么回事，他莫名地烦躁，翻来覆去睡不着。于是，他干脆爬起来，他想了很多：是啊，自己

现在已经快三十岁了，为什么一事无成呢？和自己一起毕业的那些同学们，要么有固定工作、幸福的家，要么已经住豪宅、开名车，并且，大学时代，另外三个舍友都曾经当过自己的老板。他扪心自问：与这三个人相比，除了工作以外，自己还有什么地方不如他们呢？其实，他们实在不比自己高明多少。

经过长时间的反思，他终于找到了问题的症结——自己性格情绪的缺陷。在这方面，他不得不承认自己比他们差了一大截。时间过得很快，到了深夜两点的时候，他依然毫无睡意，因为他真的清醒了，他觉得自己生平第一次看清了自己，发现过去很多时候自己都不能控制自己的情绪，例如自卑、做事莽撞、自私等。

于是，他下定决心，一定要改变自我，要保持一个积极向上的心态，一定要完善自己的情绪和性格，弥补自己在这方面的不足。

第二天早上，尽管他没睡好，但依然满怀自信地前去面试，令他惊奇的是，他真的顺利地被录用了。

故事中的主人公凯恩之所以能得到那份工作，与前一晚的感悟以及重新树立起的这份自信不无关系。看了这个故事，你的内心是否也会有所触动呢？

的确，情绪对我们的生活和命运具有决定意义的影响。积极的情绪会引导我们以正确、恰当的方法做人做事，引导我们成功，而相反，在消极情绪的引导下，我们也可能会做错事而追悔莫及。实际上，我们都清楚一点，这个世界上，成功者毕竟是少数，成功者潇洒走于世，失败者颓废不堪，而我们可能忽略的一点是，成功者之所以成功，失败者之所以失败，不仅与他们的能力有一定的关系，更为重要的是，他们是否有一个健康的心态。有时候，你以为成功的大门已经关闭，但若积极进取的话，你会发现，其实另外一扇窗已经为你打开。

在我们的人生道路上，个人能力固然在很大程度上影响着我们前进的步伐和速度，但起到决定性作用的，是我们对于自我情绪的良好控制力。在这个压力空前的社会，保持健康的情绪，是令我们走向康庄大道的关键。

认知自己的情绪，了解自己的内心

为什么在产生情绪时，我们会产生相应的反应？为什么有的人每天都不会失落呢？为什么有人即使心情不好，还是干劲十足呢？为什么不同情绪撞击在一起，会产生那么可怕的后果？

究竟为什么我们会对情绪有这么多的困惑呢？这都是因为我们对情绪的认知太少，觉得情绪实在是太复杂了。虽然情绪一直伴随在我们的左右，但是我们对它的认识太少，摸不清情绪的本质。想要有效地控制情绪，我们必须了解自己的情绪，只要我们耐下心来，好好去体会自己的心情，深入地了解自己的情绪，就能更好地调控自己的情绪。这些经历会为我们的生命增添色彩，成为美好的享受；反之，则可能成为我们的负担，甚至损耗我们的生命。

陈靖是一家进出口贸易公司的业务经理，工作表现突出，很受上级领导的赏识。他和同事相处得也十分融洽，平时待人也十分有礼，被大家当作是将要成为总经理的人。一天陈靖加班到凌晨两点，第二天就起晚了，他冲到楼下，大声质问太太为什么不叫醒他，害他上班要迟到了，看到这么晚了，连早餐都没做，陈靖和太太吵得更凶了。

没有吃到早餐，他气冲冲地下楼，在楼梯由于走得太急，不小心扭伤了脚，好不容易走到停车场，却发现忘了带钥匙，不得不又返回楼上，本来就迟到了，现在更是赶不及了。在上班的路上，因为前面发生了车祸，两个小时了，车也只走了一小段距离。等他按捺着焦急的心驶上了高速路，又因为超速行驶被警察逮个正着。虽然只开了张罚单，但也耗去了二十分钟。下了高速进入市区时，一心只想快点到公司的他又闯了红灯，结果撞上对面来车，如此又耽搁了两个小时处理交通事故。这个时候，他的心情已经恶劣到了极点，本来与大客户预约的商户会谈也因为没赶上而泡汤了。

到了公司，大家都在吃午餐了，他没来得及喘口气，就因为上午丢失了大合同而被老板叫去训了一顿，正在气头上的他一反常态和老板顶撞了起来。老板自然咽不下这口气，就叫他卷铺盖走人。他回到自己的办公室收拾东西，恰巧秘书进来找他汇报工作，结果不知道发生了什么就被他轰出门外。秘书小姐下班回到家，就对她的先生乱发脾气，结果先生也不示弱就把气撒在儿子的头上，儿子受到这种莫名其妙的指责，很委屈。不巧，家里的小狗躺在地上，结果儿子上去将气撒到了小狗头上，把还不明状况的小狗踢得远远的。小狗大概是这一连串事件中最可怜的受害者，但它不会连累别人，把怒气发在别人的身上。

可见，情绪时刻影响着我们，（我们在与客观事物接触过程中，情绪并不是一成不变的，随时随地都有起伏和变化。）所以我们需要了解情绪，并能够做到合理地引导情绪，要知道舒畅的心情是自己给予的，不要天真地去奢望别人的赏赐，也不要可怜地去乞求别人的施舍。

那么，情绪有什么秘密呢？

1.情绪的周期

首先可以试着找出自己的情绪脉络，可以通过记录自己的情绪状况，两个时刻的情绪要特别注意，清晨醒来时的情绪状态，用数值量化情绪从低潮到高昂的程度；另一个要注意的是睡前的情绪状态，并注意一天中能够引起自己情绪明显变化的事件。一段时间后便可看出自己的情绪周期及变化的原因。在低潮期可适当做些愉快的事情，减少产生激烈情绪反应的机会。遇到可能会引发情绪的因素，就要想方法躲开或调整，这样就能有效地调节自己的情绪。

2.情绪的生理变化

练习觉察自己情绪的生理变化。生理反应是快速而明显的，若能及早感觉，就能尽早地采取措施，防患于未然。这样也许能避免一场冲突。如发现自己心跳加速、胃部开始紧缩，这就代表着你可能已经被激怒了，你可以暂时离开这个让你情绪变化的场所，可以出去散散步，找人聊聊天等，不要让自己被愤怒控制，让自己保持冷静，也能帮助我们控制自己的情绪。

了解情绪的秘密，做自己情绪的主人、获得快乐，对自己的情绪负责，不被坏情绪影响。一个渴望成功的人，尤其是当他处在不顺的环境中时，应该了解自己的情绪，控制自己的情绪，这样才能走向成功。

不要让坏情绪赶走好运气

所做事情取得的成果如何与心情的好坏也是有着很大的联系的。其实，我们不难发现，在生活中，心情好时，自己的工作热情相对很高，做起事情来比较有劲头，事情完成得也比较好。相反，心情不好时，心绪也非常不稳定，做起事情来总是心不在焉，没有兴致和耐心，根本就不把心思放在工作上，这样的心态又怎么能把事情做好呢？所以说，情绪的好坏对于自己的成功来说还是有着相当大的影响的。

情绪很多时候能给人带来意想不到的结果，可以说关乎着成功与失败。石油大王洛克菲勒就是一个典型的例子。他之所以能够打败对手，就是源于他自己打好了这一场情绪之战。

当时在法庭上审判一个案件的时候，洛克菲勒面对的是对手赤裸裸的挑衅，言语中无不透露着羞辱与恶意，当时洛克菲勒的心情有多么糟糕，如果这个时候他也发怒，必将掉入对方设计的陷阱之中，不过洛克菲勒很聪明，他明白这个时候控制自己的情绪有多么得重要，自己千万不能和对方的律师一样鲁莽，更不能让自己这种气愤的心情有所流露。

对方的律师这时粗暴地对他说：“洛克菲勒先生，现在请你把那天我给你写的信件拿出来”。洛克菲勒知道，这封信里面有很多关于美孚石油公司的许多内幕，而这个律师根本就没有资格来问这件事情，可是让人吃

惊的是他并没有被对方激怒而去驳斥对方，他还是那么淡定地坐在那里，丝毫不去争论什么。

“洛克菲勒先生，这封信是你接收的吗？”法官开始发问。

“我想是的，法官先生”。

“那么你回那封信了吗？”

“我想没有”。

这时法官又拿出许多别的信件来，当场宣读。

“洛克菲勒先生，你能确定这些信都是你接收的吗？”

“我想是的，法官”

“那你说你有没有回复那些信件呢？”

“我想我没有，法官”。

“你为何不回那些信呢，你认识我，不是吗？”对方律师开始插嘴。

“是的，当然，我想我从前是认识你的”。

面对他的回答，对方律师的情绪越来越坏，简直被气得上气不接下气。可是尽管如此，他还是安静地坐在那里，似乎一切与他无关，全庭寂静无声，除了对方律师的咆哮声。

就在洛克菲勒先生的淡定应对下，对方终于情绪失控，不小心把实情说出了口，被法官当场听到，最终结果可想而知，而洛克菲勒不仅赢得了官司，还在美国人眼中，留下了一个很优雅的形象。

看完这个故事我们无不惊叹，是啊，有证据也有技术，可是最后情绪的失控却导致了对方的失败，一个律师最重要的是要处变不惊，沉着应对各种问题，即便出现了自己不可控制的局面，也不能一时情急而把重要的事实泄露了，这样不仅给委托人带来重大的损失，也给自己的声誉抹黑。在法庭上，洛克菲勒所展现的那种淡然而又理性的心态正是这位律师所缺少的，如果他能做到这点，事情就会是另一个结局了。

话虽如此，但是人非圣贤，孰能无过，面对发生的是是非非，人们不可能没有情绪，也不可能一直保持乐观，但是我们可以调节自己的情绪，把负面情绪调节到最小化。你想过没有，这样会发生什么样的后果，这样到底有没有甚至是会不会损害你的利益，会不会动摇你在别人心目中的地位。如果你能真正地意识这一点，真正明白发怒只能把事情搞砸，而绝对不能把事情完美解决的话，你肯定就会好好地约束自己的情感，好好地控制自己的情绪，有了这样的心态，你就可以和洛克菲勒一样，轻松地、不费力气地战胜你的对手。

总之，坏情绪会令人陷入失败的沼泽，严重时会阻碍人们的成功。所以，我们要懂得抵制坏情绪，不做坏情绪的牺牲品。

远离坏情绪，成功会离我们越来越近，为此，我们需要记住以下几个金点子：

（1）出现坏情绪不是什么奇怪的事，这是正常现象，但是自己一定要知道，要明白这只是生活的一小部分，在其余时间里，要尽量地让情绪平稳起来。

（2）做一个有原则的人，有自己的想法，遵照自己的行为准则去完善自己的情绪，反反复复、优柔寡断的人，是不可能讨人喜欢的。在对错之间徘徊的人，形象不如从错到对的人正面。

（3）切记不要在生气时做决定，尽力保持沉默。生气时容易冲动，冲动是魔鬼，当时的决定往往会造成很大的麻烦，导致出现事情无法挽回的局面。所以，尽力克制自己，不要在生气时说过多的话。

不要让坏情绪蔓延，破坏美好生活

坏情绪就像感冒一样，传染速度快，对于意志力弱的人来说更容易被感染。

有一天，王丹丹出去逛街，不小心把太阳伞给弄丢了。于是，王丹丹感到非常心痛、懊悔，一路上一直在批评自己的不小心，不断地思索到底自己把太阳伞丢在了哪个地方。天气很热，这闷热的天气让王丹丹的内心更加郁闷。随后，王丹丹回到了自己的家，可是一到家，她才发现，自己的卡包也不见了，因为一路上一直惦记着自己的太阳伞，所以卡包丢了都不知道，根本没注意自己是什么时候丢的。这下可好了，卡包里放着太多东西了，里面有自己的身份证，还有自己的银行卡、会员卡等，这些东西比丢了钱还麻烦，需要一张张去补办，关键是有些证件并不能一天两天就补办好。没想到，因为丢太阳伞而导致的坏情绪，使她的损失扩大了无数倍，王丹丹正因为一直处于仓促、惶恐的坏情绪中，才让自己陷入了更坏的境地。

曾经有人说过："情绪这种东西，非得严加控制，一味纵容地自悲自怜，便会让你越来越消沉。"所以，我们在任何时候都要学着去控制自己的情绪，千万不要让蔓延的坏情绪破坏了自己本该美好的生活。

我们继续看下面这个案例：

徐敏在某家首饰店做导购，每天都乘地铁上班。

周一早晨地铁很挤，刚刚出了地铁，徐敏着急地想看一下时间，但是翻遍包里所有的东西也找不到手机。这时，徐敏突然想起在地铁口有个人挤了她一下，手机肯定是被那个人偷了。这可是徐敏刚买了没两个星期的新手机，徐敏气得直跺脚，发誓挖地三尺也要找到那个小偷。

可是，路上满满的全是人，该去哪里找呢，又怎么可能找得到呢？

徐敏一路气愤不已，完全忘了要赶点上班，这下好了，上班也迟到了，关键是自己还被店长看到了，因此徐敏又被批评了一顿，这使她原本郁闷的心情顿时更为严重。没一会儿，店里来了一位顾客，他想看看玻璃柜里面的一条金项链。

徐敏装作没听见，置之不理，那位顾客以为徐敏没听到自己说的话，于是他又朝着徐敏大声招呼了一下。徐敏不耐烦地看了顾客一眼，没好气地大声嚷道："你喊什么啊，不就是看项链吗？我给你拿就是了！"

徐敏这一吼，周围的几个同事都愣了，大家都在议论纷纷，猜测徐敏今天到底是怎么了。顾客听后非常生气，直接反映到商店老板那里。结果，徐敏又被老板大骂了一顿，不仅要求她向顾客道歉，还要扣除徐敏的工资，她这一顿臭脾气，差点连工作都丢了。

坏情绪往往都会给我们带来不利的影响，这种坏情绪一旦散播开来，也会影响到我们身边的其他人。心理学家认为，一个人如果过于敏感，就很容易因为一些微不足道的事情而产生较大、较明显的情绪波动。情绪化的人不能控制自己的情绪，遇事不是大喜就是大悲。这样，对一个人的身心来说没什么好处。

为何有些人明明能力不错却一生平淡，没有成就可言？为何有些人苦苦奋斗却依旧原地踏步，不见成效？其实，大部分人就是因为缺乏一种好的心态、好的情绪。由于总是心态失调，情绪不稳定，总受到坏情绪的误导，以致无法发挥自己的正常水平，最终导致失败。那么，我们该如何摆脱坏情绪呢？

1.时刻提醒自己不被琐事烦忧

我们在生活中也要学会理性地控制自己的情绪，要时常在心里提醒自己“我并不是个容易生气的人，这些小事还烦不到我”，提醒自己不要被琐事所烦，避免去想不如意的小事，控制好自己的情绪。

2. 海纳百川，有容乃大

海纳百川，有容乃大。包容是一种智慧和美德，也是多少成功者的法宝，忍是一种眼光和度量，也是一种修养和策略，更是一种智慧。在小事上的忍耐，则是为了大事上的成功，同时，也能让自己的心态好起来。

3.学会释放内心的烦闷

如果有不愉快的事情或委屈，不要闷在心里，而要向知心朋友和亲人说出来或大哭一场。这种发泄可以释放积于内心的郁积，对于人的身心发展是有利的。当然，发泄的对象、地点、场合和方法要适当，避免伤害他人。

芝麻小事，请不要烦忧，他日之事，请不要提前自寻苦恼，人活一世，应该有所追求，有所舍弃。明天着实叫人挂虑，可是，我们是否应该先把今天的事情做好？试着把每一件事看轻松，试着每天都开开心心，快乐就掌握在我们自己手中。

改变感情用事的习惯，保持理智情绪

现实生活中，人们常常会以“不要感情用事”的话来劝说那些冲动的人。然而，这句话虽然说起来容易，对于当事人而言，做起来却很难。尤其是对于那些情绪激动的当事人，更是很难做到。归根结底，人就是感情动物，人之所以区别于动物，就是因为人有理智，也有感情。

举个最简单的例子，两个人在一起谈恋爱，在古代社会需要父母之命、媒妁之言，年轻人根本不能为自己做主，也没有权利决定自己的人生和命运。随着时代的发展，到了现代社会，恋爱婚姻完全自由，年轻人对待爱情的态度也更加真实随性。正是这份自由，使得他们也变得更加冲动。如果说曾经的包办婚姻能够过一辈子，那么现在的自由恋爱则更加崇尚感觉，感觉不对了，马上理智就会彻底消失，离婚也就是分分钟的事情。这样一来，直接导致现代社会的离婚率节节攀升。其实，爱情总是如同烈焰，看似绚烂，保持的时间却短暂。那些所谓天长地久的爱情，都是需要婚姻双方彼此包容，保持理性，用心维护的。如果仅凭冲动，任何夫妻都要离婚若干次。归根结底，原本两个完全陌生的人突然间亲密无间地生活在一起，摩擦是不可避免的，各种矛盾和纠纷也是情理之中的。

当然，除了复杂而又微妙的感情之外，生活和工作中，任何事情都需要我们保持理智去对待，这样我们才能最大限度地远离负面情绪，也才能获得最美好的未来。诸如在工作中，如今很多年轻人对于工作稍微感到不满意，就会选择辞职跳槽，殊不知，任何公司里也不可能都是你喜欢和欣赏的人。人作为群居动物，在一起生活，在一起工作，难免产生不和谐的音符，最重要的是彼此包容。在你因为别人的缺点感到无法容忍时，你也应该想到，或许别人也正在因为你的缺点感到无法容忍呢！（别人都能选择包容），你为何不能呢？人生短暂，在职场上最好的打拼年龄段里，假如我们不停地辞职跳槽，最终只会虎头蛇尾，潦草一生，一事无成。

毋庸置疑，做事情需要七分的理性，做人也只是需要三分的感性。我们可以投入感情做人做事，但是更要以理智保证事情的圆满。现代社会很多人都承受着巨大的生存压力，难免情绪暴躁，喜乐无常，在这种情况下，我们更要坦然从容地面对人生，才能理智地规划人生，实现人生的梦想。

曾经，有个武士特别勇猛好斗，非要与一位禅师探讨天堂和地狱的区别。不想，禅师丝毫不把一介武夫放在眼里，因而毫不客气地对武士说："你只是一个头脑简单、四肢发达的武士，根本不配与我探讨任何问题。"禅师的这句话激怒了武士，武士当即拔剑而起，刺向禅师。禅师微微一笑，根本不想躲避，而是一语道破天机："这就是地狱。"武士大吃一惊，沉思片刻，幡然顿悟，立地成佛。这时，禅师又说："这就是天堂。"从禅师的话里我们不难发现，天堂和地狱原本就在一念之间，而左右我们思想的就是理智。人丧失理智无异于走入地狱，人恢复理智转眼间进入天堂。

现代社会发展迅速，人们对于生活的追求也越来越高。然而，大多数人都被物质的欲望裹挟着，根本没有想到物欲最终会带来人生的毁灭。人们不停地追求大房子、豪华的车子，追求功成名就，直到恶疾缠身，才意识到一切金钱权势都是身外之物，唯有拥有健康的身体和健全的心灵，我们才能真正拥抱人生，享受人生。

随着社会生活节奏的加快，越来越多的人变得更加浮躁，也更容易感情用事。毋庸置疑，感情用事是个贬义词，通常一个人只有失去理智，才会得到别人“不要感情用事”的规劝。当然，要想在短时间内就改变感情用事的坏习惯，也是不容易的。正如柏拉图所说，理性才是灵魂中最高贵的。一个人如果失去理智，就会进入地狱，沉沦不休。因此，我们每时每刻都要保持理智，才能彰显我们高贵的灵魂。

（1）时刻保持理智，避免因为一时冲动做出让自己懊悔的事情，要知道，世界上没有卖后悔药的，很多说出去的话如同泼出去的水，很多做完的事情就成为不可更改的历史，所以做事应该三思而后行。

（2）在愤怒的时候，切勿火上浇油。在人际交往中，我们面对愤怒的对方，与其点燃对方心中的愤怒火焰，不如努力控制自己，让怒气渐渐平息，从而使对方也恢复理智。如果不知道说些什么，适当沉默也是好的。

（3）做人应该常怀宽容之心。睚眦必究的人很难有好人缘，所谓水至清则无鱼，人至察则无朋。过于细心的人总是眼睛里揉不得沙子，远远不如难得糊涂来得更好。

发脾气之前，想想冲动的恶果

现实生活中，有很多所谓的淑女和绅士，他们看起来光鲜亮丽，文质彬彬，淑女非常温柔，绅士非常礼貌，但是一旦受到坏情绪的影响，他们马上就会改变模样。淑女也许瞬间会变成泼妇，绅士也许瞬间会变成莽汉。这都是人们因为愤怒而头昏脑胀，歇斯底里。在坏脾气的趋使下，人们很容易失去理智，也许会因为一时冲动，做出让自己万分后悔的事情。遗憾的是，这个世界上却没有卖后悔药的。一旦事情真的发生，人们就算多么懊恼，也无法改变成为历史的事实，只能沉浸在挥之不去的情绪中，独自懊丧。

难道大家在发脾气之前，不知道冲动的恶果吗？当然不是。人人都知道“冲动是魔鬼”，也知道愤怒会使人丧失理智，做出追悔莫及的事情，然而人是感性的动物，很容易因为情绪激动和情感波动，做出不计后果的事情。由此一来，真正能够控制自身坏脾气，让自己始终保持理智，免遭“魔鬼”折磨的人非常少。大多数人一边喊着“冲动是魔鬼”的口号，一边因为生活中不值一提的小事就放任自己的情绪，使自己成为坏脾气的奴隶。

毋庸置疑的是，生活不是一帆风顺的，每个人在生活之中都难免会遇到各种不如意的事情，甚至是遭遇他人有心或者无意的伤害。在这种情况下，我们如果不能很好地控制自己的坏脾气，导致冲动的魔鬼扼住我们命运的咽喉，我们的人生就会发生翻天覆地、难以逆转的恶劣变化。到时候，只怕我们悔之晚矣。

西方社会有句谚语，意思是，上帝如果想要彻底毁灭一个人，一定会先使这个人丧失理智，变得疯狂。从这句话来看，很多人都知道冲动的恶劣后果，不管是在我们国家，还是在西方国家。当然，凡事都要防患于未然，才能起到良好的效果。因此，我们也必须积极主动地调整自己的心态，控制自己的怒气，才能避免被愤怒冲昏头脑，被冲动的魔鬼死死抓住。人人都想成为自身的主宰，殊不知，唯有控制自己的愤怒，成为情绪的主宰，控制自己的脾气，我们才算是真正成为自己的主人。

很久以前，有个男孩脾气暴躁，动不动就发怒。有一天，父亲拿了一大包钉子给男孩，让他每次发怒之后就在卧室中的木质衣柜上钉一颗钉子。第一天，小男孩居然在衣柜上钉了三十多颗钉子，看着触目惊心的衣柜，他不由得感到很懊丧。几天之后，随着衣柜上的钉子越来越多，男孩意识到自己要想保留衣柜的完整，就必须控制怒气。为此，他开始有意识地控制自己的愤怒，果不其然，几个星期过去了，他每天钉在衣柜上的钉子都在减少。最终，男孩发现和在衣柜上钉钉子相比，自己更应该控制愤怒。日久天长，他居然不再随便乱发脾气了。见此情形，父亲对他说："假如你能一天不发脾气，就可以拔掉衣柜上的一颗钉子。"男孩花费了相当于钉钉子几倍的时间，终于把衣柜上的所有钉子都拔掉了。

这时，父亲指着千疮百孔的衣柜语重心长地对男孩说："孩子，看看吧，就算你不再发脾气，而且拔掉了钉子，这些钉子的痕迹也会永远留在衣柜上。这千疮百孔的衣柜，就像是受到伤害的人的心，伤痕累累。"男孩听了父亲的话，重重地点了点头。

每个人都有自己的脾气秉性，也有自己的性格和情绪，在遇到不愉快的事情时，人们难免会发脾气。然而，我们必须更好地控制自己的脾气，才能让自己成为平和的人，也才能处处受到欢迎。

（1）发脾气之前，就像开车遇到红绿灯一样，先想一想后果，所谓宁停三分不抢一秒，这样才能想清楚后果，从而避免自己因为冲动做出追悔莫及的事情。

（2）人的愤怒都是有时效的，时间是最好的良药。在愤怒的时候，如果一时之间不知道如何开解自己，不如采取转移注意力的方法，这样就可以让时间冲淡愤怒。

（3）所谓宰相肚里能撑船。我们很多时候之所以怒火中烧，并非真的是因为别人的错误，而只是因为我们的心胸过于狭隘。一个人要想变得心平气和，既然无法改变别人，就要从改变自己开始，让自己变得心胸开阔，有容乃大。

（4）所谓忍字头上一把刀，提升自己的忍耐力，也是很有必要的。毕竟人生不如意十之八九，我们不可能处处如意，处处都能随心所欲。只有合理自制，我们才能拥有更加从容的人生。

第02章

小心坏情绪，别让它毁坏你的健康

负面情绪，常常会导致疾病的滋生

不懂医学，你就错误地把大多数疾病理解为“这是生理引发的毛病”。即使是精通医学的人也弄不明白，所以外行的人感到迷惑也就没什么大惊小怪的了。直到1936年，医学界才逐渐了解由情绪诱发产生的生理疾病的机理。其实，人们的大多数疾病都是由不良情绪造成的，日积月累的坏情绪能不断侵犯你的身体器官，慢慢地，你就爆发出各类疾病。如果人们还对情绪问题不高度重视，那么，悲哀将无法挽救。

古往今来，有许多人的事业都是坏在了不健康的身体上，而导致身体不健康的原因则是这些人的负面情绪。诸葛亮就是一个非常典型的例子。

诸葛亮是三国时期著名的军事家和政治家，有很多人认为他是一个谈笑自若、指挥若定、风流倜傥的人物。事实上，在刘备死后，他却不再是这样的人了。这是因为，“兴复汉室”的重担压在了他的肩上。在朝中无可用之将、皇帝昏庸无能、魏国过于强大的压力下，诸葛亮夙夜忧叹、食不甘味、寝不安席，身体状况急剧下降，最后变成了一个疲惫不堪、心力交瘁的老者。

诸葛亮当然了解自己的身体状况，但是他却不注重心理的调节和健康的维持，反而变得更加急躁起来。或许，他是想在自己死前完成刘备托付给他的使命吧。在这种心态的支配下，他不顾国力不足的现实，又发起了对魏国的战争。但是两个月之后，诸葛亮带着深深的遗憾病死在军帐中。匡扶汉室的大业最终因为他的死亡而夭折。

诸葛亮的死和他身上背负的压力有很大的关系，但是这却不是最重要的原因，究其根本，是坏在了他本人的情绪上。如果他少一些忧虑多一些乐观，少一些固执多一些洒脱的话，恐怕他的身体就不会过早地垮掉，也不会在五十四岁的时候就与世长辞了。可惜历史不容假设，诸葛亮最终也只能带着壮志未酬的遗憾离开人世。

现代医学研究发现，人类疾病中由心理因素、身心失调引起的疾病占50%~80%。紧张、悲哀、抑郁等不良情绪会激活体内的有害物质，击溃有机体的保护机制，破坏人体的免疫功能，导致生病。所以说，我们一定要注意调节自己的心情，避免疾病的缠身。

心理因素致病的主要途径是内外刺激——精神因素——功能障碍——细胞疾病——组织结构变异——疾病产生。人的大脑与免疫系统之间有一种化学物质在传递信息，这种化学物质在产生情绪的那部分大脑中枢神经区域里最为集中，如果被负性情绪长期“占据”，可导致大脑皮层兴奋、抑制功能失调，不仅会带来睡眠不佳、食欲不振等生理反应，还会使体内激素分泌发生变化，新陈代谢水平降低，从而导致免疫功能减弱，体内某些细胞恶性增长，各种疾病就乘虚而入。

如果一个人习惯性地出现不良情绪，那他就会时常被烦闷、怨恨、悲伤、后悔等负面情绪缠身。慢慢地，这些负面情绪产生的毒素就会在体内积累沉淀，最终将会爆发大的疾病。换句话说，假如自己一直沉浸在不良情绪下，那就是在不断地吞噬慢性毒药。紧接着，迎接我们的就会是各种各样的病！

那么，我们该如何做才能避免因情绪引发各种疾病呢？

1.不要刻意注意自己的“小疼痛”

世界上最痛苦的人，就是那些老以为自己身体有大毛病的人。他们总是担心自己机能失灵。每天早上醒来，就马上自问：“我今天什么地方不舒服？”对于一些无关紧要的小病痛，我们只要不断注意它，准可以把它弄成真病，病情很快就可加重10倍。

2.对人对事保持一颗平常心

太浮躁、爱冲动，这些都是情绪化的表现。然而，情绪化的结果就是让你的状态大起大落，其影响力绝不亚于股市对人们精神的迫害。所以，万事都要保持一颗平常心，心平气和地对待所有的疾病，正常看待死亡，那么，你就不会因为疾病而遭受心理困扰了。

3.用笑面对生活

笑是人精神激动因素中最健康的因素。发自内心的、健康的笑，对人的身体健康有很大益处。在临床上，笑被用作一种治疗手段，治疗情志抑郁症以及因怒、悲等不良情绪引发的疾病，疗效颇佳。近来研究发现，笑对于癌症的预防和治疗也有一定的作用。

没有好的心态，那就没有好的身体。百病生于气，生理疾病与人的七情六欲有着密切的关系。而且，心理上的阴影还会对人体的技能活动产生干扰，降低人体的防御能力，进而导致疾病的发生。

合理控制情绪，别让坏情绪在心中郁结

杜刚这段时间以来家里出了很多变故，心情非常烦闷，他平时不爱说话，遇事总喜欢憋在心里，长时间下来，他感觉身体很不舒服，总是肚子疼、胸闷，还总是精神萎靡。他觉得，自己肯定是因为家里的事情闹的，于是他去医院开了一些药，然后决定去心理医生那里寻求帮助，要不然，自己病倒了，整个家就垮了。

杜刚向心理医生倾诉："医生啊，我真的郁闷死了，老爸嗜赌，前阵子输了30万元，没钱还债，逼急了他竟然跑去盗窃，结果被抓送进了牢狱，下个月就要开庭审理了；对于这件事，老太太受不了了，一病不起，至今还在医院。现在家里整天来催债的，我都郁闷死了，有苦说不出，整个家就靠我了，可是自从这些事以来我身体又不舒服，觉得是坏心情积郁过久的原因，我不知道怎么调节自己！"

"是，积郁成疾，你不仅需要药物调理一下，你还需要从心理上调节，来，我们去一个地方。"心理医生说着便把他带出了咨询室。在一个空旷的大厅，"现在，听我的。"医生对杜刚说："放松站立，首先深吸一口气。在吸气的同时，左、右手握拳，右拳抬起，高过头顶，虎口向自己……对，像我这样。"

心理医生边说边示范起来，"呼气，瞪眼发出哼的声音，尽量延

长，同时紧握拳头。待气出尽以后。再用最后的力发出哈音。同时两手尽量张开。”

杜刚在医生的指导下慢慢地吸气呼气，医生说：“好了，第二次深呼吸。在吸气同时，手势同上；呼气时，瞪眼，两手尽量张开，同时发哈音。气出尽时，再用最后的力发哼音，同时紧握拳。在做哼哈吐纳的同时，想象那些令自己不愉快的事，大声说出来，发泄一下自己不满的情绪……”杜刚就在医生的指导下重复着各种动作，心情也慢慢地平静了许多。

随后一段时间，杜刚在空闲时或者郁闷时就按照心理医生的各种方法来调试，身体好了许多。

消极情绪包括忧愁、悲伤、愤怒、紧张、焦虑、痛苦、恐惧、憎恨等。消极情绪的产生是因人因时因事而异的，产生的原因可能是对“应激源”产生的反应；在工作、学习或生活中遭受了挫折；受到了他人的挖苦；莫名的情绪低落等。如果此类的消极情绪长期积压在心里，那势必会引起一系列的生理反应，疾病就会悄然而至。

坏情绪郁结导致身体病变的例子有很多，其实很多胃病的出现就证明了这一点。

胃肠道的蠕动，尤其是各种消化腺的分泌，都是在神经内分泌系统支配下进行的。人在愉快的情绪下进餐，消化液会大量地分泌，胃肠道蠕动也加强，使消化活动顺利进行，从而有益于健康。相反，在恶劣情绪下进餐，则可能导致消化功能降低，甚至发生紊乱。如果长期在恶劣情绪下进餐，就会患各种胃病，最常见的有胃与十二指肠溃疡和慢性胃炎等。

坏情绪郁积在心里，还有一个可怕的后果，就是会盲目地向外冲击，其伤害的目标，可能是朋友，可能是亲人，也可能是自己。这就好像一只困兽，为了挣脱束缚而胡乱冲撞；也像一场洪水，咆哮着向四面八方冲刷，把任何阻拦都视为敌人。

1.适当地让自己流流泪

眼泪不但能缓解情绪，还有其他重要的生理功能。眼泪是泪腺分泌出来的一种液体，泪腺位于眼球的外上方。一般人平均每分钟眨眼13次左右，每眨一次眼，眼睑便从泪腺带出一些泪水来。当人们眨眼时，泪水对眼睛便有清洁作用，如可以冲掉异物、刺激物等。

2.不要把所有的事情都堆积在心里

很多内向的人喜欢把所有的事情堆积在心里，不管受了多大的委屈或者是遭遇多大的痛苦，他都只字不提，默默承受，长期下来，很容易憋出毛病。所以说，如果你有很多难受的事情，你不妨适当宣泄一下，否则你的身体迟早会吃不消的。

3.学会自我暗示

据科学研究，人的体力、智力和情绪都是有周期的，也就是说体力有充沛和虚弱的时候，智力有反应敏捷和迟钝的时候，情绪有激昂和消沉的时候。因而，有时候你情绪低落时，便可以暗示自己："这几天可能正是我情绪周期处于低落的阶段，过几天会自然好起来。"

情绪关乎生命，如果你能提升自己合理控制情绪的能力，那你这就等于是为自己的身体保驾护航。朋友们，郁结已久的情绪迟早会爆发大的危机，合理地疏导自己吧，否则后悔都来不及。

心中的闷气一定要发泄出来

在生活中，每个人都难免碰到一些令自己不愉快的事，并为此生气、苦恼。这是很正常的，也无可厚非。可是，如果你一直沉浸在这种生气的情绪下，你就等于处于危险之中，你的身体及精神都会遭受折磨。长此以往，这还势必影响你正常的工作学习和生活，百害而无一利。

张雯自从失业之后就专心在家带孩子，丈夫小李的收入也足够一家人的生活，按说他们的日子应当过得非常幸福和谐，但是张雯经常会因为孩子的教育问题和小李吵架，两人的关系大不如前了。张雯性格比较内向，话语较少，每次吵架拌嘴的时候都说不过做销售工作的小李，所以只好一个人生闷气。

一天，张雯照例做好饭菜等小李和儿子晨晨回家，小李回来后怪她太宠晨晨，对晨晨的将来不利。为此，两人又吵了起来。晨晨回到家看见父母又在为他的事情吵架，便躲进了屋里。吵了一会儿，张雯说不过小李，便跑到卧室躺在了床上。

张雯心里非常生气，可是争辩不过小李，只好把房门关了起来。后来她越想越憋屈，于是收拾好东西想要回娘家住一段时间。拿着行李出来，看到小李在门口抽烟，她头也不回地走了。

在娘家住了一个多星期，小李也没有给她打过电话，回到家看着乱糟糟的客厅和厨房，两个人心里都有气，所以仍旧没有搭理对方。两个星期过去了，依然如此，现在他们的关系已经降到了冰点。

爱生闷气不好，生闷气，是自己和自己过不去。会生活的人，都懂得自我解脱，自我调节，遇到烦恼的事能够不想它或驱走它。而爱生闷气的人则不然，而常把盲目的、无用的怨恨和遗憾留在自己的思绪里，不能摆脱心中的烦闷，这不是在自我折磨吗?

在某企业上班的老陈是一个内向的人，一旦遇到不愉快的事就憋在心里，从不发泄出来，即使在家里也不向媳妇说。

由于老陈的沉默寡言，单位上一部分人把他当成了支使的对象。老陈虽然每次都很生气，但一直沉默以对，从来没有提出抗议。直到最近某天，单位出了事故，同事们把责任都推到老陈身上。老陈怒火攻心，但有口难辨，突然晕倒在地。送医院抢救之后，医生说，由于长期精神紧张，诱发高血压、冠心病，生命危险!

“怒伤肝，忧伤肺”，那些郁积在心中的不愉快情绪使内脏活动紊乱、内分泌系统失常、胃口不佳、消化不良，而且，长时间的烦闷还会导致血压升高，甚至导致冠心病。另外，闷气是一种不愉快的情感体验，它是一种消极的甚至会破坏正常情绪的反应。一个人若是情绪恶劣，其记忆力将会减退，思维能力也大受影响，同时，喜欢生闷气还会影响到一个人的正常人际交往。所以对于这样的情绪，不管是为了心理健康，还是为了身体健康，大家还是远离为妙。

有了烦恼、怒气，若不及时宣泄，必然会变成闷气。因此，当自己愤怒时，或者闷气郁积时，我们需要及时地将那些不满的情绪宣泄出去。当然，宣泄情绪的方式有许多种，这里给大家简单介绍下：

1.找朋友谈谈心、诉诉苦

“一个人如果有朋友圈子，就能长寿20年。”的确，向朋友倾诉内心的烦恼是排除不良情绪的有效办法。当自己有不良情绪时，有可能会越想越愤怒，越想越伤心。这时，若是约个朋友，将郁闷之气尽情地倾诉一番，向朋友寻求支持和解答，从而获得一种心理上的平衡。

2.生气的时候不妨反省一下自己

生气时，应该自我反省，为什么我这么容易生气？那是因为自己习惯逃避，不想面对现实。最好的办法就是让自己做得更好，生气不如争气，因为生气只会让别人感觉到你自制能力差。一味沉浸在低落的世界里，让自己在原地停滞不前，毫无进取，那是最愚蠢的做法。

3.让自己的生活多一点幽默

爱生闷气的人的生活常常是很单调、枯燥的。把幽默引进生活，让生活中充满情趣和笑声，你就不会感到苦恼、烦闷了。据医学实验证明，笑，可以促进血液循环、通气开窍、消除紧张和烦恼。给自己创造一个充满笑声的环境，有利于改掉爱生闷气的毛病。

遇到烦心事，如果不说，常憋在心底，那就极易抑郁成疾。很多人都觉得不好意思开口，怕说多了别人笑话，又怕说出来惹出更多麻烦，于是就选择闭口。其实，如果你有此忧虑，你可以找个没有人的地方自言自语地叨咕一阵，可以什么话解恨说什么话，也可对你所恨的人或事痛骂一顿，借此消除淤积之闷气。

忧虑是身体健康无形的杀手

能够停止忧虑就能快乐。很多人常常感到烦恼。觉得苦闷，因而总在迷迷糊糊中过日子。其实，现实是最真实的，不要忧虑，看清楚了就行动，很多烦恼就烟消云散了。正如查尔斯·吉特林所说的："只要能把事情看清楚，问题就已经解决了一半。"但是，如果你放纵自己的悲观情绪，那么忧虑将一直追随着你，甚至还会严重威胁你的身体健康。有一位著名的医生说："在接触的病人中，有70%的人只要能够消除他们的恐惧和忧虑，病自然就会好起来。"在美国南北战争中的士兵就深有体会。

在战争的最后几天，北军格兰特围攻里士满有9个月之久，南军李将军手下的士兵都已衣衫不整、饥饿难忍。有一次，好几个兵团的人无法集中精神，还有的人在他们的帐篷里开会祈祷——叫着、哭着，他们似乎看到了种种幻象。

眼看战争就要结束了，李将军手下的人放火烧了棉花和烟草仓库，也烧了兵工厂，然后在烈焰笼罩的黑夜里弃城而逃。格兰特乘胜追击，从左右两侧和后方夹击南部联军，而由骑兵从正面截击，拆毁铁路线，俘虏了运送补给的车辆。

由于剧烈头痛而眼睛半瞎的格兰特无法跟上队伍，就停在了一户农民家里。"我在那里过了一夜，"他在回忆录里写道"把我的两只脚泡在加了芥末的冷水里，还把芥末药膏贴在我的两个手腕和后颈上，希望第二天早上能康复。"

第二天清早，他果然康复了。可是使他康复的，不是芥末药膏，而是一个带回李将军降书的骑兵。"当那个军官到我面前时，我的头还痛得很厉害，可是我一看到那封信的内容，我就好了。"

显然，格兰特是因为忧虑、紧张才生病的。一旦他在情绪上恢复了，想到战争的胜利，他的病就立刻好了。由此可见，人的一些不适感觉的出现与忧虑有着密切的关系。

忧虑有如一个无形的杀手，它如此消极而无益，你与其为毫无积极效果的行为浪费自己的宝贵时光，不如面对现实，珍惜现在。

忧虑使人无法集中精神思考；忧虑使人无法聚集力量做事；忧虑使人无法坦然地面对生活中的种种不幸与挫折，那么如何克服忧虑呢？

1.要有积极的心态

消极的心态是产生忧虑的内在原因，那么要想从源头上消除忧虑，就应该尽快抛弃消极的心态，培养自己积极的心态。为此，你可以多看一些富有哲理或励志方面的书，提高思想境界，多交一些朋友，多参加体育活动，锻炼健康的体魄，多出去走走，体味大自然的神奇，陶冶情趣，让自己经常处在愉快的心境中。

2.让自己忙碌起来

曾经获得诺贝尔生理学或医学奖的亚历克西斯·卡锐尔博士说：“不知道抗拒忧虑的人都会短命而死。”忧虑者仿佛是一个随时驮着壳的蜗牛，不同的是束缚他的壳是无形的，即使自己很忧虑，可能还不自知。忧虑者宛若置身于一个孤独的城堡，他出不来，别人也进不去。有了忧虑时，可以不去想它，让自己忙碌起来，加速血液流动，你的思想就会开始变得敏锐。让自己一直忙着，这能让你摆脱忧虑的困扰。记住：“让自己不停地忙着，忧虑的人一定要让自己沉浸在别的事情里，否则只有在绝望中挣扎。”

3.从多个方向看待问题。

很多时候，让我们感到忧虑的，大多数是我们很难掌控或无法掌控的事。比如，你担心自己不够好，无法胜任工作，静下心来，思考一下，自己这样忧虑能改变事情吗？我们又能做些什么呢？它是我们自己所能控制的事情吗？不妨告诉自己：虽然担心这件事情，但事情并非想象中的那么糟糕。当你一旦平静下来，你就会发现时间仍在你的掌握之中，你心中的忧虑自然就降低很多。有心理学研究表明：其实，人们忧虑的事情90%以上都不会发生。我们大多数情况都是庸人自扰。

忧虑是健康的克星，忧虑对于我们的伤害并不亚于刀剑。每个人都有忧虑的时候，不要彷徨无助，不要退缩，只有勇敢面对，才能摆脱忧虑的困扰，走出忧虑的困境，让健康和快乐重新回到我们身边，不让忧虑束缚住我们前进的脚步。

坏情绪极易影响心理，扰乱身心

人的心理复杂多变，非常奇妙，令人难以捉摸。然而，正是这神秘莫测的内心，发挥着一种无形的力量，支配着我们的一切，主宰着我们的喜怒哀乐。控制内心，保持平静，就一定能够培养出愉悦的心情，进而就能用美好的眼光，去观察和判断一切事物。内心愉悦的状态可以使人们在平凡之中、危难之时保持一种积极向上的力量，是快乐的基础。简而言之，内心愉悦的状态就是人的健康心理状态。

人们在生活中会经常遇到一些让人心里难受的事情，而这样的事情经常不是很累的事情，也不是烦琐困难的事情，而是一些困扰内心的事情。这种困扰内心的事情经常是一些自己不想去做但是又不得不去做的事情，或者是自己内心犹豫不定的事情，或者是让自己爱恨交织的事情，或者是让人受委屈的事情……总之，这些事情很让心灵受到折磨，这样的事情容易造成心理上的疾病。心理疾病，还可能威胁我们的生命。

小张，男，21岁，是一名大三的学生。因父突然病故，又加失恋，深受打击，从此开始失眠，呆滞，闷闷不乐。他说："我活不了多少天了，我有罪。"他出现了这么严重的症状，还拒绝去医院检查。不仅如此，他还害怕听到火车鸣响声，一听到就反应激烈，说："了不得，天下大乱了。"见到公安人员就恐惧，口称"我有罪"。回家后即问家人："公安局的人和你们谈过话吗？为什么我想的事别人都知道？"不时侧耳倾听"地球的隆隆响声"。一次，听到汽车声就惶恐地说："社会大乱了！"看见小汽车则恐惧地问家人："那是不是来逮捕我的？"某晚仰卧于床，忽然说："怎么我在屋里能看见天？"这种症状持续了一段时间，在家人的陪同下，小张被带到医院检查，最后检查结果是心理疾病，是一种由于在各种生物、心理以及社会环境的影响下，大脑功能失调，导致的以认知、情感、意志和行为等心理活动出现不同程度障碍为临床表现的疾病。

心理问题已经严重地威胁了我们的身心健康。试想如果一个人连健康的身体都没有，还何谈实现梦想、创造辉煌呢？古希腊哲学家赫拉克利特指出："如果没有健康，智慧难以表现，文化无从施展，力量不能战斗，财富变成废物，知识也无法应用。”健康不能代替一切，但是没有健康就没有一切。健康的一半是心理健康，关注心理健康就是关注生命，保持心理健康就可以极大地提高生命质量。那么，怎样才能调节自己的情绪，保持心理健康呢？

1.自我静思

自我静思也叫自我反省，就是面对各种矛盾和冲突，能够控制好自己的情绪，冷静、理智地思考自我，了解自己、评价自我，找到自我的确切位置，制定合理的目标。合理定位并扬长避短，从而避免因期待过高、好高骛远给自己带来的心理伤害。

2.情感转移

即把注意力从消极情绪转移到积极方面去。人在情绪发作时，头脑中有一个强烈的兴奋灶。此时，如果另外建一个或几个兴奋灶，便可抵消或冲淡原来的兴奋中心。如在苦闷烦恼时，去听听音乐，到外面走走；当出现烦恼情绪的征兆时，去做一些有意义的事情，沉浸在自己喜爱的事情中，心理上的阴云就可能自行消失。

3.及时宣泄

每当我们遇到一些令人烦恼、痛苦的事时，都会给自己的心理带来很大的压力。心理压力过大，就会失去心理平衡，也常常导致了生理疾病的发生。所以，当你有“一肚子气”时，不妨找一个你最亲、最理解你的人，把肚子里的怒气、怨气倾诉出来，这样心里就可以得到最大限度的解脱。

生活得幸福与否，都是我们的内心感受，不同的境遇总是伴着不同的心理和情绪，使我们不可避免地产生许多心理问题。心理问题容易烦扰我们的身心，影响甚至阻碍我们对人生目标的追求。因此，我们要学会自我调节适应，细心呵护自己的心灵，保持身心健康，永远做快乐的自己，享受人生。

第03章 清除不佳情绪，找到坏情绪的根源

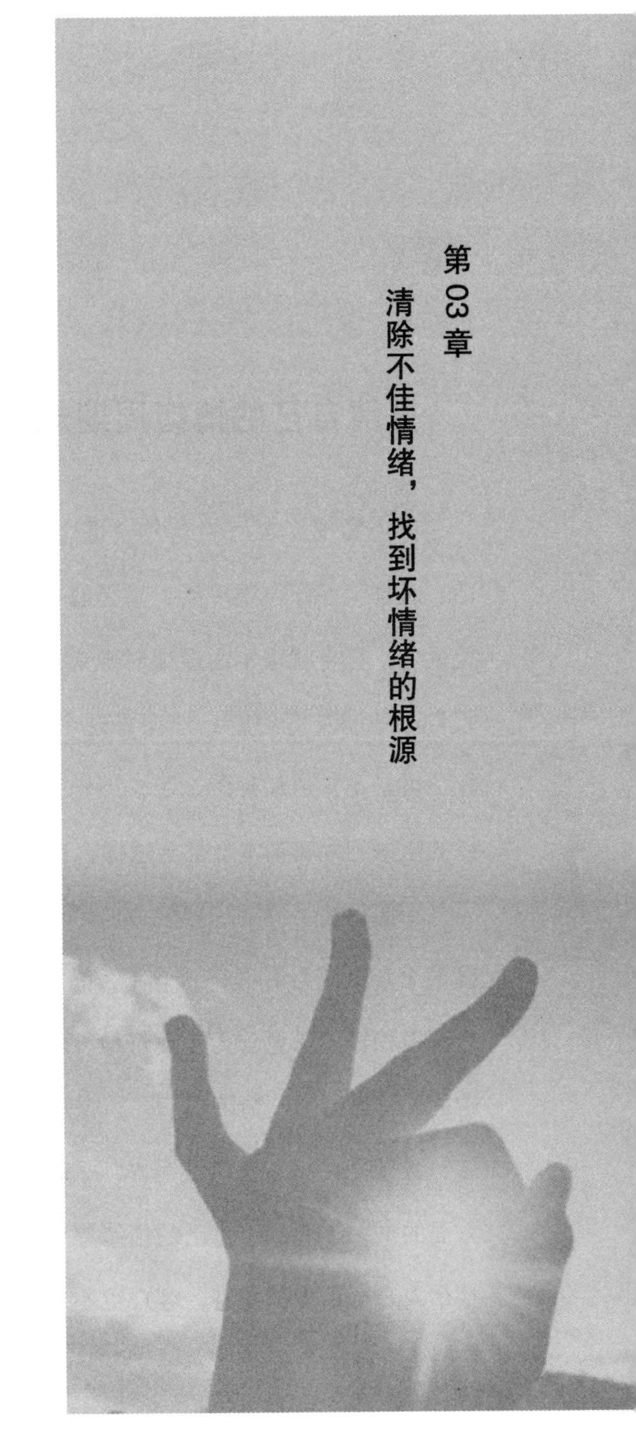

摸清自己的情绪周期规律

巧巧发现，自己的老公亮哥这几天不知道怎么了，每天也不怎么说话，对自己好像也很冷淡，总是躲在一旁看书、上网。有时巧巧忍不住去接近他，亮哥就很不耐烦地对她说："我忙着呢。"巧巧感到莫名其妙，跟自己的朋友抱怨说："亮哥这个人其实挺好的，一直以来对我非常照顾，可是不知道最近怎么了，感觉很冷漠，有时候会无缘无故发脾气。奇怪的是每到月底基本上都会这样，也不知道是怎么回事？"

不懂得情绪周期的年轻人，常常会对自己的情绪感到莫名其妙，有时候毫无来由地心情不好，干什么都提不起精神，有时候却情绪高涨，干什么都很积极、乐意。为了更好地控制自己的情绪，我们便需要在学习过程中去了解自己的"情绪周期"，否则我们的生活将会混乱许多。

张亮亮在一家公司做销售，平时压力非常大。后来他看了一些心理学方面的书，了解到了自己的情绪周期，大概是每个月25号到月底，那几天整个人一点精神都没有，客户也不想见，什么事情都不想做，只想早点回家睡觉。

按理说，看了这本书之后张亮亮应该做出调节，但是他却形成了一种恶性循环。他会在20号前就开始担心着情绪周期到来，所以心里会非常害怕，而且在情绪周期来的那一两周，整个人非常压抑，脑子里会乱想，没一点心思工作，脑子很沉，呼吸也不是很正常。休息的时候也想着工作，导致失眠多梦。后来张亮亮觉得快受不了了，甚至有逃离这个世界的想法。

了解情绪周期是好事，可以帮助我们更好地调节情绪，但是如果你像张亮亮一样对待情绪周期，那一切将会适得其反。情绪周期是我们情绪的晴雨表，我们可以据此安排自己的工作：情绪高涨的时候，可以安排一些难度大、较繁琐的工作；而在情绪低落时，要多出去散散心，参加一些娱乐活动，多和朋友聊聊天，以寻求心理上的支持，从而安全地度过情绪低潮期。

那么，我们该如何把握自己的情绪周期变化呢？可以试试这个方法：以一年中的某个月为例，纵行为日期；横行为不同的情绪指数，包括兴高采烈、平平常常、伤心难过等。每天晚上花点时间想想当天的情绪，在与之相符的一栏打上记号。过些日子，把这些记号连接起来。不久你就会发现一个模式，这就是你的情绪韵律。这项测试通常很准。当你掌握了自己的情绪周期规律后，你就可以有准备地对待自己接下来的情绪，保证自己维持健康的心理状态。

在日常生活中，我们应如何对待这种周期性的情绪变化呢？

1.平常心看待

把情绪周期性看成一种正常的现象，并且对情绪低潮期的来临做好充分的心理准备。一般来说没有多大情绪问题的人，情绪周期性变化对其学习和工作不会产生太大的影响，所以不必担心或紧张，否则适得其反。

（2）提前做个准备

我们不要紧张，要根据自己的情绪周期表，对自己哪天会情绪低潮提前做个心理准备，以积极的心态面对消极的情绪，或者可以当情绪低潮到来的那天有意识地回避一些容易引起自己不快的事情，避免坏情绪给我们造成危害。

（3）转移注意力

当感受到坏情绪入侵而又难以自拔时，我们可以转移注意力，及时打破静态体验，比如欣赏欢快轻松的曲子，选择性地看场电影（指内容要有所选择），散散步，和他人交流、谈心等，都能够把人的情绪带到另外一种状态。

大家知道，天气阴晴变化，我们无法左右，但是我们可以改变自己的心态，用一种积极心态去看待它。人的情绪有着一定的规律，关键看你如何管理，想要呈现一个美好的自己，那就要有所行动，有所选择，选择“晴朗的天气”，而不是沮丧的“雨天”。

定时整理情绪，让生活有头绪

对于一个喜欢生活在清洁和有条有理的环境中的人而言，定期整理家务、清洁衣柜是必须的事情。一个淡定从容地享受生活的女人，总不愿意从杂乱无章的衣柜中随便找到当天要穿的衣服，而且它们还皱皱巴巴的。因此，如果你真的想要了解一个女人，不必看她出现在公众面前时的衣着是否光鲜亮丽，妆容是否精致完美，你只需要找机会看看她的衣柜，就能对她的为人进行一定深度的了解。

那么，在我们整理衣柜的同时，我们是否意识到情绪也需要整理呢？因为各种各样的事情产生的各种杂乱无章的情绪，也是我们畅享生活的天敌。如果你的应变能力不够强，还很可能在事情突发的时候导致手足无措，所有事情更加变得一团乱麻。情绪，是思想的表现，思想主宰着我们的命运，影响着我们的生活。可以说，每个人要想拥有成功的一生，最重要的问题就是选择和坚持正确的思想。假如我们能够做到这一点，我们的人生就会更容易得到成功，也更容易让我们满意。假如我们总是悲观绝望，所思所想都是让人泄气的事情，那么我们就会陷入莫名其妙的悲伤之中，甚至为此焦虑不安；假如我们的所思所想总是让人亢奋昂扬，那么我们总能够感受到喜悦和兴奋，生活也会因此而变得积极乐观，带给我们满心愉悦。这就是思想的魔力，它几乎是我们生活的基础。当然，这么说并不意味着我们每个人都要随时保持乐观的态度对待生活。毕竟，生命总是带给我们意外的惊喜，也总是突然让吓从天而降，甚至安排我们接受灾难的磨砺。悲伤哭泣是难免的，我们当然有哭泣的权利，但是我们应该积极。这一点是不可改变的。如果能够做到定期整理情绪，把那些消极负面的情绪清除出去，让我们不管面对好事还是坏事，都能冷静接受，都能永不放弃，那么我们就是无法战胜的，即使命运也要臣服于我们。

对于琳达而言，有一段时期，她的生活简直太糟糕了。原本，琳达是个精致的女人，非常崇尚精致的生活。她不允许自己的生活一团杂乱，缺乏情趣，因此凡事都喜欢未雨绸缪，安排得井井有条。但是由于琳达的事情实在太多了，简直分身乏术，也没有时间和精力再去收拾家和收拾自己。

首先，琳达单位接了一个很大的项目，琳达是原定的项目负责人，这意味着她要忙碌至少三个月。如果仅仅是工作上的事情，琳达还是可以应付的。但是，琳达的婆婆突然生病住院，需要做心脏支架手术。紧接着，琳达的爸爸因为突发脑溢血，正在医院的ICU里特别看护，每天都要一万多元的抢救费。接着，琳达的妈妈因为急急忙忙地赶往医院，也摔伤了腿，整条腿都打上了石膏。偏偏此时此刻，琳达的老公已经被派往南非一年了，根本不可能回来帮忙。为此，琳达简直忙得焦头烂额，在医院里送饭都送不过来。此时此刻，她想：哪怕她和老公任何一个人有个兄弟姐妹也好啊！琳达简直想要哭出来，她无力承担这一切，又不愿意放弃工作。在一个仓皇失措的午后，琳达拿出一张纸，写下了自己面对的诸多困难。最终，她把这些麻烦事都安排好了，也整理好了自己的情绪，擦干眼泪，开始像个女强人一样去安排这一切。

婆婆的心脏支架手术很快就能完成，术后只需要卧床静养几天，因此琳达花钱给婆婆雇了一个护工，全天候二十四小时照顾婆婆；爸爸的脑溢血是需要长期照顾的，恰巧琳达的大姨和大姨夫在农村赋闲，因而琳达把大姨夫请来照顾行动不便的爸爸，又让大姨负责照顾腿上打着石膏的妈妈；琳达还把孩子暂时寄宿在学校里，吃住都在学校里，也省去了接送的麻烦。最后，琳达照常努力工作，每天一下班就赶回家给吃了一天医院里大食堂的亲人们做好饭，分别装好，送到医院。有的夜晚，她还会替换大姨和姨夫回家休息，洗澡。这么做完之后，琳达再也不觉得心乱如麻了，反而有种如释重负的成就感。远在万里之外的丈夫听到琳达对这一切事情的合理安排，不由得连声夸赞。

琳达如果没有及时整理自己的情绪，安排好这些茫无头绪的事情，也许很快就会被焦虑压垮，甚至自己也因为身体和精神的双重疲劳倒下了。幸好，她悲伤之余还保持着清醒和理智，因而很快就做出各项合理安排，由此也帮助自己恢复了轻松和镇定。现在的琳达，虽然比平时更加忙碌了，但每一个亲人都得到了最佳的照顾。而且，她依然能够从事自己喜爱的工作，并没有放弃任何重要的东西。试想一下，琳达处理和安排这些事情的过程，是不是就像我们平时分门别类地收拾衣柜呢！看着一片清爽、每个物品都摆放在合理位置的衣柜，你也一定觉得神清气爽吧！

一个人是否快乐，并不在于他拥有多少，而在于他能否合理安排生活，并且掌控自己的情绪。当一切都有条不紊地进行时，你的生活就是成功的，更是幸福的。很多情况下，情绪受到行动的影响超乎我们的想象，因而如果你想平复情绪，就不要任由事情杂乱无章地发展。当你把很多面对的难题都分别处理好，你的情绪也会随之变得清净和愉悦。

情绪需要管理，这听起来简直不可思议。但是，当你把自己的生活整理好，你的情绪也会各归其位，帮助你重新找到生活的快乐和乐趣。需要注意的是，对未来的莫名担忧和恐惧也是情绪紊乱的根源。所谓活在当下，就是让我们把更多的关注点集中于今天，这样才能心无旁骛地过好每一个今天。

找到让自己舒适的生活节奏

这个世界节奏太快，快得让每个人都得绷紧了弦，甚至随时奔跑起来。空气中似乎弥漫了紧张压抑的气息，我们的表情和行为都充满着紧张，我们总是焦虑和不安，紧张已经像一张大网牢牢地罩在每个人的生活和工作中。但是，我们应该驻足思考一下，这样的生活到底适合自己吗？自己在这样的生活中是否生活得愉快或积极？如果不是，那我们真的应该想办法调整一下自己了。合适的才是最好的，才是最利于自身发展的，一味地追求快速而忽视了身心及周围的美好，那就得不偿失了。

在同事们看来，王艳是一个做什么事都要“慢半拍”的人，在周围的朋友看来，王艳是一个“大事糊涂，小事不糊涂”的人。乍听这样的评价，一定有人觉得王艳是一个生活混乱，邋里邋遢，对生活中的大小事都不上心的宅女，其实不然。只不过，王艳是一个典型的坚持慢节奏生活的人。

每天早上，王艳宁愿早起，也不想快速奔跑去赶公交或地铁；一日三餐，王艳宁愿少吃，也不愿狼吞虎咽。工作时，王艳会在一个漫长的周期里制作出出色的方案，而不是玩上半个月，最后三天通宵加班。别人都说她慢，她说这是在享受生活。王艳她本人也像忙碌的人无法理解她一样地无法理解对方，常常质问那些风风火火的同事说：“亲爱的，你为何不能给自己一个休憩的时间，在这个时间里屏气凝神感受一下轻松的气流，为何不能对此刻的宁静感到幸福呢？”

周六日，王艳会选择一天中的一餐，午餐或者晚餐，认认真真地对待，花时间去体味食物的香气、味道和口感，恨不得为一道美味赋一首诗或做一篇文。回家后，王艳会在椅子上蜷作一团，花几个小时享受纯粹的阅读或思考。如果思路通畅，她会将内心的感激和想法变成文字，写在她的日记本上。如果朋友来访，她会花时间倾听朋友的言语，对悲伤者给以安慰，对欢喜者给以祝福。有时候她甚至不去说，花长时间听对方讲话，仿佛那些话本身，就是一件值得欣赏的作品。就这样，她慢慢地让欣赏、品尝、享受、散步、沉思和闲适融入了自己的生活，也变成了她独特的存在方式。

在追逐利益的物质社会中，很多人都以此为借口令自己的生活慢不下来，但快速的生活节奏让人们失去了太多，不仅仅是健康，还包括对生活的享受、热爱和激情，还有对周围的一切事物的体会和感动。每个人的生活节奏都可以适当地放慢一点，多留一些私人时间去享受生活中的乐趣，这样的人生才会少有遗憾。

调整生活节奏也是一种远离干扰的方法，它们能让你从干扰导致的痛苦中解脱出来。譬如：

（1）放慢自己的心态

我们可以适时地体味一下禅的生活，这样的生活能让我们的心足够沉静，心速足够放慢，在舒展中欣赏和品味一切。我们大可不必行色匆匆、步履匆匆。我们可以放慢脚步，更重要的是放慢心态，来感受和体会生活。

（2）处理好计划与变化的关系

“节奏感”最具体的表现就是有计划。计划，就是对今天和明天要做

什么事有一个提前的设想和安排，然后按照计划去实施，做到有准备，有条不紊。但是我们通常很难达到完全按照计划行事的境界，意外和突变是最平常的了。所以，要讲究节奏，就要先处理好计划与变化的关系。

（3）不要总是攀比他人

人总是在攀比，尽管很累，却总是想上面一层会更好；上了一层，又想再上一层会更好。于是，总在不停的忙碌和疲惫中比较。比较到最后，突然觉得自己好像什么也不是。所以说，还是做好自己吧，努力寻找适合自己的生活，别人的不一定适合自己，唯有属于自己的才能给予自己最幸福的人生。

（4）学会利用时间

一般说来，善于利用时间的人，通常也较能发挥自己的潜能。这种人绝不会为时间所役，使自己陷入“糟了！来不及了！”的失措状态中。面对时间，他们的态度积极而主动，他们是时间的主人而不是奴隶。

想要拥有更高质量的生活，想要人生更为幸福，这当然离不开健康，健康是进行一切活动的基础。把控好自己的生活节奏，不过于急于求成，也不消极堕落，这就是对自身健康问题的重视，这是一种态度，也是一种智慧。如此，才有可能创造健康、辉煌的人生。

远离空虚的陷阱，保持内心的从容

对于每个人而言，最大的敌人就是自己。现代社会，尽管生活节奏越

来越快，工作压力越来越大，看似每个人都忙忙碌碌，实际上，更多的人都陷入空虚之中，实际紧张忙碌的背后，是内心的惶恐不安。尤其是很多职场人士，对于工作完全是疲于应付的状态。他们根本没有人生的目标，也没有把工作当成是事业，而是做一天和尚撞一天钟。就如同前段时间热播的电视剧《人民的名义》中的孙连成一样，孙连成是懒政不作为，他们则是慵懒地对待工作，不追求工作的成绩。还有些人不仅对于工作呈现出疲软的状态，对于生活也漫不经心。他们对于生活中的任何事情都提不起兴致，甚至觉得生活很无奈，不是疲于等待，就是无所事事。这就是极度空虚的表现。

毋庸置疑，空虚是一种非常消极的状态，人生一旦陷入空虚之中，就会变得漫无目的，而且也因为缺乏积极的态度，导致愤怒乘虚而入，情绪很容易产生波动。其实，聪明的朋友们知道，人生最重要的就是心态，心态往往决定了我们人生的状态。很多心态不好、生活空虚的人，总是因为莫名其妙的原因感到烦躁不安，甚至在生气之后都想不起来自己到底因为什么而生气。不得不说，这都是空虚闯的祸。任何时候，我们都要远离空虚的陷阱，才能保持内心的淡定从容，也才能让我们的人生更加从容淡定。

不过，正如这个世界上没有两片绝对相同的树叶一样，这个世界上也没有两个完全相同的人。即便是一母同胞、长得相似度极高的双胞胎，脾气秉性等也是不完全相同的，因此对于人生有着不尽相同的理解和深浅不一的认知。无论怎样，意气风发的人生和休眠的人生，是完全不同的。我们唯有确定人生的目标，让自己摆脱空虚，才能意气昂扬，奋发向上。很

多时候，我们也的确想要摆脱空虚，但是这并非一件简单的事情。愤怒的情绪总是汹涌澎湃，最终霸占和主宰我们的心灵，使我们感到非常无力。任何时候，我们都必须战胜内心的空虚，成为人生的主宰，才能最大限度发挥自身的主观能动性，从而使我们的人生更加充实、积极，也更容易获得成功。

生了孩子之后，因为没有老人帮忙照顾孩子，所以小雅只能自己辞职在家养育孩子。养育过孩子的人都知道，带孩子是非常辛苦的，很多时候甚至比工作更加劳累。但是因为都是一些琐事，所以并没有明显的成就，因为养育孩子很容易使人感到疲劳不堪，内心也会陷入空虚之中。渐渐地，小雅的情绪越来越糟糕，尤其是白天被孩子折腾一天，夜晚却要等待晚归的丈夫，她就更加火冒三丈。有好几次，小雅好不容易等到丈夫回家，都压制不住内心冲动的怒火，因而对着丈夫歇斯底里。对于小雅这样的表现，丈夫很不理解，也万分委屈："我上班一天也很累，我也在努力为了这个家付出啊！"

几次三番之后，小雅与丈夫之间的关系也越来越紧张，她甚至有点轻度抑郁，觉得自己无法面对自己，更无法面对生活与家庭。思来想去，小雅决定为自己找份兼职的工作干一干，至少这样能让她在等待丈夫的时候不至于心急如焚。为此，中文专业的小雅找了一份编辑的工作，每当孩子安静玩耍或者睡午觉，又或者晚上孩子已经睡着但是丈夫还未回家时，她就会做一些文字工作，让自己的心在工作中变得充实，也渐渐沉淀下来，另外她也能够实现自身的价值，从而让自己变得更加从容宁静。

人不能闲着，一旦内心空虚，怒气就会趁虚而入，甚至导致我们与他人之间（无法良好沟通），关系变得恶劣。那些内心空虚的人，人生总是暗淡的。所以，我们要让自己过得充实而有意义，努力做些积极的事情来改变人生的状态。

（1）明确人生目标，让目标指引我们在人生的道路上不断前行。正所谓治标先治本。任何时候，我们都要为人生制订目标，这样我们的人生才不会不知所踪。

（2）修炼自己的内心，让自己尽量保持平静。任何时候，心态都会决定我们的人生。因而我们必须摆正心态，在困难面前越挫越勇，才能让自己恢复镇定从容。

（3）对生活满怀热情和激情。生活原本是美好的，重要的是我们必须拥有发现生活美好的眼睛。当我们怀着激情对待生活，生活也会回馈我们。

别让自己被他人的坏情绪传染

美国心理学家加利・斯梅尔经过调查研究后发现，情绪是可以传染的，不管是积极还是消极情绪都具有传染性。

美国心理系教授埃莱妮・哈特菲尔德经过研究也发现，包括喜怒哀乐在内的所有情绪，都会从一个人身上“感染”给另一个人。人们可以从别人好的情绪中得到正能量，也易受到坏情绪的感染，影响自己的情绪。事实上，不良情绪的传染是在潜移默化中进行的，人们在不知不觉中就被影响了，而我们还不自知。

就像小樱一样。周六，小樱来到一个珠宝店挑选自己喜欢的戒指，把一个装着几本书的包放在柜台旁边。在小樱挑选珠宝时，一位衣着讲究、仪表堂堂的男士也向这个柜台走来，为了不挡住柜台的珠宝，小樱礼貌性地把包移到了别处。可是，这个人却突然愤怒地瞪着小樱，告诉小樱说不要小人之心了，他是绝不会偷小樱的包的。他觉得他受到了侮辱，重重地把门关上，离开了珠宝店。

莫名其妙地被人教训一通，小樱很气愤，明明是好意，却被这样对待，她也没了看珠宝的心情，开车回家了。

在开车的过程中又遇到堵车，车辆只能缓慢移动。看到这样的状况，小樱就更生气了，各种抱怨，抱怨车怎么这么多，司机真讨厌，不断的鸣笛声真吵，这些司机简直就不会开车！还有前面的那位司机开得也太烂了，怎么学的车，真该重新学一下开车……

后来，小樱和一辆大型卡车同时到达一个交叉路口，小樱想："这家伙仗着他的车大，肯定会冲过去。"当小樱下意识地准备减速让行时，卡车却先减速停下来，司机将头伸出窗外，向小樱招招手，示意她先过去，脸上还挂着开朗、愉快的微笑。小樱在将车子开过路口时，满腔的不愉快突然全部消失了……

其实小樱的情绪一直深受别人的影响，而她自己还没有意识到。珠宝店中的男士的莫名愤怒，把这种坏情绪传染给小樱；带上这种情绪，小樱眼中的世界都充满了敌意；直到看到卡车司机灿烂的笑容，他用好心情消除了小樱的敌意，让她又再次有了快乐的心情。

愉悦的心情会给人积极的影响，有益于健康；但苦恼、消极的情绪就给人负面的影响。既然，别人的情绪对我们有那么多的影响。那么，我们怎样做到自己不受别人负面情绪的影响，又不把负面情绪传染给别人呢？

1.学会寻找对方身上的优点

如果你有一个情绪化的朋友，并且不得不去倾听时，也不要逃避，若自己只是厌恶，只会增加自己的负面情绪。你可以从一方面入手，发现对方的优点，发掘对方身上的闪光点，这样你也就可以摆脱负面情绪的影响。

2.坚持做自己，不受他人的影响

我们应该坚持做自己，做自己情绪的主人，不受他人的影响，即使别人源源不断地给你传递负面情绪时，你也可以向对方传递你的正能量，祝他脱离负面情绪的漩涡。

3.远离现场，重获冷静

在矛盾一触即发的时候，一句劝告、一个眼神都可能成事情恶化的导火线。这时，我们不妨远离这个场所，让自己冷静下来，仔细思考事情是否真的值得我们那样做，也许短短几秒钟的时间是微不足道的，但是若能避免发生事端，那么这几秒又是难能可贵的。如怒气，美国第三任总统杰弗逊曾说：“先数到10，然后再说话，假如仍然怒火中烧，那就数到100。” 这样，绷紧的弦就会慢慢地松弛下来，你的想法可能因此会改变。

决定生活如何的是我们自己，只要我们用积极的态度去看待这个事情，别让周围的坏情绪影响自己的心情，学会宽容对待身边的人和事，学会控制自己的情绪，不要成为情绪的俘虏，那么每一天都会充满阳光和快乐。

跳脱出世，才能摆脱这些坏情绪

很多人都知道脍炙人口的诗句——“横看成岭侧成峰，远近高低各不同。不识庐山真面目，只缘身在此山中”。这首诗是北宋著名诗人苏轼写的，本意是表现人因为在庐山之中，导致无法辨识清楚庐山的真面目，所以被庐山遮挡住视野。现代社会，人们使用这句话表现人因为事业局限，导致以偏概全。的确如此，不仅仅在游山玩水的时候，人会因为视野受限导致不能看到景色的全貌，在观察人世间的人和事情的时候，人同样会因为视野受到阻碍，导致无法对人和事形成全貌。从根本上来说，我们要想对人和事物有更加清醒的认识，就要超越自己的能力局限，超越自身，从而才能更加和谐统一。唯有如此，我们才能认清楚事情的全貌，也洞察事情的本质，摆脱生活的烦恼。

现实生活中，每个人都有很多欲望，唯有摆脱自身的坏情绪，跳脱出世，我们才能摆脱这些坏情绪，从而使自己更加目光炯炯，心思豁达。从某种意义上来说，生活就像是一颗话梅糖，虽然外表又酸又涩，但是其本质却是甜蜜的。我们唯有感受完酸涩，才能体验内心的甜蜜幸福，从而更好地揭开生活的面纱，用心品味生活的甘甜。假如我们被生活困扰，被那些负面情绪裹挟着，导致远离幸福和快乐，那么我们就会心绪不宁，我们的双眼也会被蒙蔽，我们只能看到眼前很少的事物，而忽视生活的美好。所以，我们不得不整日抱怨，如同怨妇一般，甚至成为人人都避之不及的祥林嫂。实际上，这并非我们梦寐以求的生活，我们只有跳出生活的怪圈，站在高处俯瞰生活，洞察生活的全景，才能更好品味生活，享受生活。

一直以来，小娜都很羡慕丝丝找了个有钱的老公。在所有朋友中，丝丝老公不但英俊潇洒，而且事业有成。看着丝丝出入大别墅，而且穿金戴银的，闺蜜们都很羡慕。尤其是小娜，更是为此很不平衡。她常常想：想当初在学校的时候，我可比丝丝优秀多了，但是没想到丝丝居然这么好命，成为了富太太。

一次，几个闺蜜聚餐，大家都有些喝多了。小娜羡慕妒忌恨地对丝丝说："丝丝，咱们几个人里，就数你命最好。你看看吧，你住着几百平的大别墅，出入都是豪车，吃穿不愁，哪里像我们呀，老公无能，家里捉襟见肘的，这辈子也富不起来了。今天，必须你请客。"丝丝不以为然地说："我请客就我请客，反正我要钱也没什么用。"听到丝丝的话，小娜更加不平衡了，说："你这家伙，故意气我们是吧。要是钱多得真花不完了，就告诉我，我来帮你花。你不知道我们都多么羡慕你啊！"丝丝这时候有些落寞地说："我不知道你们多么羡慕我，你们也不知道我多么羡慕你们。虽然我老公看起来年轻英俊潇洒，而且事业有成，但是你们也要知道，像这样的钻石黄老五，面对着多少诱惑。不说他花心，单单就是那些硬追我老公的女孩子，就足够他应付了。而且，因为有应酬，他一个星期里甚至没有一天是在家里吃晚饭的，我就守着空荡荡的别墅，幸好还有个孩子，不然我还剩下什么呢？我倒是愿意住小房子，每天一家三口其乐融融，打打闹闹，这样反而更像过日子呢。就说你吧，丝丝，你们家好歹也衣食无忧吧，而且，你天天吃你老公亲手做的饭菜，不知道多么幸福呢！"听了丝丝的话，小娜恍然大悟。原来，她们羡慕小娜衣食无忧，小娜却羡慕他们一家人和和和美美，其乐融融呢！

人总是对自己的生活不满意，由此导致情绪低落，而又这山看着那山高，总觉得他人的生活都比自己的好。殊不知，很多时候，我们在羡慕他人，他人也在羡慕我们。任何情况下，我们都不能贪心不足，而要知足常乐，对自己的生活感到满意，我们才能得到更多的幸福快乐。

（1）当我们在生活中因为一些鸡毛蒜皮的小事烦恼不已时，不妨想一想什么才是真正的幸福，什么才是我们想要的生活。

（2）生活永远不会是十全十美的，我们不能因为生活的瑕疵一叶障目，而要更加用心地感受生活的希望和美好。要知道，幸福是需要用心感受和发现的。

（3）生活那么美好，我们必须拥有发现美好和感受幸福的心灵，也不要因为生活的小小不如意就否定生活。

第 04 章

别陷入抑郁，在心上开扇窗让阳光照进去

走出抑郁的阴霾，沐浴灿烂阳光

在生活中，每个人都要面对许多的人和事，这其中不可能都是令人愉快的。人在遇到不愉快的事时常常会产生不愉快的情绪，抑郁就是常见的反应之一。抑郁被称为“心灵流感”，是现代社会的一种普遍情绪，但抑郁并没有引起人们足够的重视，然而较长时间的抑郁会让人悲观失望、心智丧失、精力衰竭。患了抑郁症的人长期生活在阴影中无力自拔，只有积极调整自己的心态，才能走出抑郁的阴霾，重见灿烂的阳光。

小敏是家中的独生女，父母都是知识分子，对她期望非常高。因此，小敏从小受到多于别人的教育，智力开发也比别人早些，学习成绩一直很好，每次考试都是优秀。

但是，期中考试时，小敏患了重感冒。由于身体不适，加上精神紧张，小敏有一科没考好，因此，随后的考试也受到影响。尽管小敏没有考好，但是爸爸妈妈并没有责怪她，反而鼓励她．可小敏仍然不开心。从那之后，她开始变得不爱说话，高兴不起来，有时候明显精神不振，好像没睡醒，在家学习时也不能聚精会神。妈妈还发现，自那次考试之后，小敏的饭量明显比以前减少了。

又过了几天，小敏总说身体不适，不想去上学，妈妈要带她去医院，她也显得极不情愿，不肯去。妈妈没办法，只好帮她跟老师请了假。在家里，小敏一直躲在自己的小屋子里，只有吃饭的时候才出来。

妈妈很心疼小敏，于是给班主任老师打了个电话，询问小敏的近况。老师告诉妈妈，自从期中考试之后，小敏就像是变了个人似的，整天不说话，也不开心，下课也不和同学们一起玩耍。上课的时候不认真听讲，学习成绩有下降趋势。

人为什么会患有抑郁症？有些人患有抑郁是因为感情挫败；有些是生活不如意；有些则是因工作或学习上的事，总之就是承受不住现实的“摧残”而出现了极端心情，在这极端心情的催促下滋生出的各种不良状态，又加深了抑郁的症状，使得精神逐渐迈向了严重抑郁。

抑郁是一种不快乐的情绪状态。抑郁情绪严重的人，可视为抑郁症患者。历史上，有很多名人也患了抑郁症。没有哪种职业、种族、性别或年龄可以对抑郁症免疫。抑郁症在全世界的发病率在10%左右，严重的抑郁症还是引发自杀的第一诱因。

长期忧郁会使人的身心受到损害，使人无法正常地工作、学习和生活。人们都希望自己经常并永久处于欢乐和幸福之中。然而，生活是错综复杂、千变万化的，并且经常祸不单行。那么，遇到心情不快时，应采取什么对策，避免忧郁呢？

1.增加交际，多参加一些社会活动

抑郁者应该学会脱离单调无味的生活，在两点一线的生活基础上，加

进一些生活的乐趣，比如说参加朋友聚会、出去旅游或者养成每天散步的习惯，在活动中将一天的郁闷排除出去。培养自己多方面的兴趣和爱好，这样不但可以充实自己的精神生活，还能提升自身素质。

2.必要时寻求心理医生的帮忙

如果你觉得内心过于煎熬，那么，你应该说服自己，寻找心理医生来为你解疑答惑。生活中，寻求心理治疗的患者多半有两种情况，一种是自己已经认识到问题的存在，自愿寻求帮助；另一种是在亲朋的支持下寻求医生的帮助，这对于患者的治疗和恢复有很大益处。朋友们，有问题就要及时解决，这样你才能更早恢复往日的欢乐，走出抑郁情绪的阴霾。

3.多读书，填补精神食粮

书籍的力量无穷大，多读书，读好书，你将受益一生。古人说："至乐莫如读书。"通过读书来获得快乐，这是古今中外很有效的好方法。读书是一种特殊的心灵交流活动，是在跟圣人交谈。只要能够细心品尝，就一定能回味无穷。

4.不自卑，做一个自信满满的人

因为不自信，总觉得一切都没有意思；因为不自信，就常常感觉很自卑；因为不自信，就会患得患失，疑神疑鬼，整天烦恼不断，这样下去，怎能不抑郁。我们就要自信点，自信地面对不完美，自信地面对得失，自信地为自己以及自己的情绪负责。

大家一定要学会自我调节，懂得安慰自己，即使心情抑郁了，也不必担心，因为抑郁并不等同于精神分裂。你只要告诉自己，我的情绪感冒了，正在发烧，还会打喷嚏，现在很痛苦，但吃点药就会好的。

远离郁闷，让欢乐多一点

“最近好累啊，郁闷死了”“为什么我就没有他那么好命，生下来就拥有一切，真是郁闷得要死”“又被坑了，真是郁闷至极”“想买那个包包，可是没钱，真是郁闷”……好像，郁闷一直生活在某些人的生命里，不管遇到什么事情，他们张口就来的就是郁闷。朋友们，郁闷是一种消极情绪，如果不及时走出来，你就变得越发消极、悲观。不管是外界原因还是自身原因，我们都应该懂得控制自己的情绪，让自己多一点欢乐，这样才能让郁闷远离自己，让内心更加轻松。

嫣然是一位刚刚上任不久的职员，由于是新手，对公司的事务还不是很熟悉，再加上她的领导又是一个脾气暴躁的人，所以她几乎每天都会被骂。

原因姑且不论，因为实在太多了。仅就程度而言，嫣然实在是难以忍受。她对于上司每天的怒骂感到非常生气。因为嫣然是家里的宝贝疙瘩，从小乖巧懂事，备受父母疼爱，从小到大从未受到爸妈的责骂，工作前也没有想到会遇到上司的破口大骂。

每回，几乎是每回，当她拿着她的策划书到领导面前时，都会千篇一律地得到一个回答，那就是：“你这也叫策划啊？这是什么烂东西你知道吗？这是你写的啊？写成这样你也好意思给我看啊？你的逻辑思维及表达能力连小学生都比不上！”接着就是令嫣然神经几乎崩溃的斥骂。

慢慢地，嫣然开始失去上班的兴趣了。“我到底有多差啊，让领导如此看不上眼，但是，这样爱骂人的领导做的就对吗？我真的是倒霉透顶啊，在这样的人手底下干活。”嫣然每当想到这件事，就会非常生气，经常无法入眠，情绪也越来越差。

后来的某一天，嫣然遇到了大学时代的学长，他现在从事的是新闻记者的工作。嫣然不由自主地倾诉起了自己的苦恼。

听完之后，学长笑了。他说起了自己的经验：“其实，这样的事情是很正常的。我记得刚入行的时候，我天天熬夜写稿子，一晚上的忙碌却也总是得不到肯定，第二天上班的时候就被领导大骂一顿，稿子也被撕成碎片，然后从头再来。现在看看，那些时光，竟然都熬过来了。”然后学长建议嫣然，碰到这种事情时，就要把领导所做的当作一种教育，当作自己学习的代价。“如果这么想还无法消除你的怨气的话，那么就把它当成你拿到薪水所必须付出的代价好了。”

后来，学长跟嫣然讲了很多职场上的生存技巧，听了这些话后，嫣然内心的郁闷消了很多，对待上班的态度有了一百八十度的转变。当嫣然把工作当成锻炼自己及拿薪水所必需的事情时，心情就变得非常快乐了。

郁闷的结果是什么？是好好的一个人没能享受到生命中的快乐也就罢了，还给自己的心灵判了无期徒刑，让它再也无法雀跃。不论有什么兴奋的事，郁闷情绪都会像一瓢冷水当头淋下，让好不容易提起的热情再次降温，生活重新回复到郁闷、郁闷、郁闷……

郁闷是一种慢性毒药，如果你一直坚守在郁闷的角落里不肯走出，那你的苦恼就会越来越多，你的精神也会越发萎靡，你看待一切都会毫无兴趣。所以，我们要努力驱走郁闷的阴云，让自己快乐地生活。

1.看点搞笑的电影或娱乐节目

郁闷的时候，看电视或其他媒介时，要主动避免看那些悲剧以及所有可能让你更郁闷悲伤的东西。建议多看喜剧，让自己乐个够，感受更多的快乐和希望。当自己沉浸在喜剧中时，内心的憋屈和烦闷就会慢慢转移，当重新再想这件事时，自己的消沉也会减少很多。

2.关注自身情绪，积极寻求帮助

了解自己的精神状态，学会关注自己、保护自己。判断自己心理的健康状况有一个常用标准，即情绪是否稳定而愉快，一旦觉得自己有一段时间情绪很不稳定，则应考虑求助于心理咨询机构。

3.做做运动，唱唱歌

你可以在生气和郁闷的时候拼命跑步，使劲打球，或者打沙袋；你也可以听听让人愉快的音乐，音乐会把你带入另一个时空，然后，你会发现让你不快的事情可能已经没有那么严重了，因为人的情绪经常是一时钻牛角尖而已，在你进行其他活动的时候，坏情绪也已经随之被带走了。

想要洗涤心灵，想要发泄全身的压抑，那就去旅游吧。回到自然的怀抱，呼吸一下新鲜的空气，在山顶上大喊几声，将生活中的不快和委屈统统吼出去；还可以叫几个朋友一起做做运动，流流汗，通过适量的体育运动，人会觉得精力充沛，精神也会为之一振。

行动起来，去做些能够消除抑郁的事情

王宇是一名高中学生，原本是一个活泼的女孩子，却在高三的前半

学期无诱因地开始出现失眠、头晕、头痛、胸闷、心慌、上腹不适等症状，整天胡思乱想、郁郁寡欢，对前途悲观绝望，常常无精打采，精疲力竭。之前很爱学习的她，现在也失去了兴趣，经常旷课，不愿参加集体活动，也不愿说话，对即将来临的高考也失去了原有的信心，她甚至想到了退学。几次向父母提出都被劝说了回来，但即使回到学校，她上课的大多时间也是在发呆，而且经常会感到脑子不够用、记忆力下降、注意力不集中。就连生活作息也受到了影响，晚上难以入睡，早上却醒得很早，常常清晨四五点就醒了，一醒就发愁这一整天该怎么过。这样的情绪一直左右着她，让她觉得生活没有希望，自己是一个废人，还连累了家人，很想一死了之，曾几次自杀未遂。

根据故事中的王宇所表现出来的种种症状，就可以断定她是典型的抑郁症患者。抑郁严重影响人们的身心健康，轻则烦闷，重则轻生。所以，我们必须对此保持高度警惕，行动起来，学会控制情绪，保持阳光心态。

那么应当怎样认识并消除抑郁症，让自己快乐起来呢？

（1）我们要正确看待抑郁症，有抑郁症并不是什么丢人的事情或者低人一等的事情，很多成功人士或者你崇拜的名人都有过抑郁的经历。抑郁症与感冒没有什么区别，它只是一种普通的疾病。中国人心理健康的观念比较淡薄，对健康的认识基本上还停留在生理健康的层次，所以一谈到抑郁症就大惊小怪，其实没有这个必要。换个角度来看，有抑郁症也可能说明你是一位出色的人，因为天降大任必须先苦其心志，你有可能是忧国忧民的栋梁之才。抑郁症对你的发展很可能是件好事，它让你陷入反思和内省，治愈后你可能会达到比以前更高的层次。所以，如果你抑郁了，不要认为自己是不幸的。塞翁失马，焉知非福。

（2）抑郁症是一种心理忧郁，属于心态问题，并不是不治之症。很多抑郁的人总是觉得自己走到了世界末日一般，悲观地看待自己的未来，甚至有轻生的想法。其实，这是不理性状态下的不理性想法。如果摘下有色眼镜，就可以看到明天会更美好。再者说，抑郁症不是终身携带的，往往只持续一段时期。如果遇到开心事，抑郁症会不治而痊愈。所以有抑郁症的人回头想想自己原来的感觉，都会觉得好笑。对于抑郁症患者来说，心态很重要，我们要学会看开，保持好心情，多去想想那些开心的事情，心大一点，宽一点，其实很多事情都不是什么问题，只是自己胡思乱想罢了。

（3）不要混淆概念，把抑郁症当做是精神分裂。精神分裂是一种难以治愈的疾病，并且会复发。而抑郁症并不一定会发展为精神分裂。但是抑郁症也容易让人走上极端，这是不容忽视的。因此要及时消除抑郁症，这是必须引起我们重视的大问题。只有认识到抑郁症的危害，我们才会主动自觉地消除抑郁症。

（4）学会倾诉，避免过度压抑自己，这样才能更好地消除抑郁。生活中可以广结好友，压抑的时候或者情绪不好的时候学会与他人谈心、交流，把内心的不快说出来，抑郁就自然消除。同时加强运动或户外活动对抑郁症的减轻都大有好处，当你看到蓝天绿水，闻到袭人花香，听到悦耳鸟鸣，心情会自然好转。另外要注意调节饮食，按时休息，这些对消除抑郁症都很有帮助。

不要让抑郁症毁了花一样美好的生活，我们应当有意识地倾听自己内心的需求，时不时地停下匆忙的脚步，反省一下是否伤害了自己，伤害了别人，这样才能走出抑郁的沼泽，直面阳光。人生本就该是被快乐围绕着，远离抑郁才能拥抱快乐，做身心都健康的人。

别太过顾及面子，凡事都要把握好度

常言道，尺有所短，寸有所长。一个人即使能力再强，也不可能在生活和工作中面面俱到。然而，偏偏有很多朋友都特别爱惜自己的面子，遇到任何问题，第一时间想的就是顾全自己的颜面，这也难怪，毕竟人们也经常说，人活一张脸，树活一张皮。假如我们失去了面子，就会导致自尊心受到严重损害，甚至觉得没脸见人。但是，我们也不能忘记，凡事过犹不及。任何事情都要把握好度，唯有如此，我们才能适度，适可而止。否则如果我们一味地为了顾全面子，而不顾“里子”，那么我们的生活必然很被动，也会失去真实的意味。

在20世纪90年代时，博士还是很少见的，因而当博士小李被分配到研究所工作时，研究所才终于有了第一位博士。毋庸置疑，小李是整个研究所学历最高的人。一个周末，小李闲来无事，因而拿起钓鱼竿去单位附近的池塘钓鱼。他没想到，所长和主任也正好在钓鱼，不过他们俩之间隔得很远。为此，小李走到他们中间的位置，也开始钓鱼。为了避免涉嫌向领导拍马溜须，小李没有和远处的所长和主任打招呼，只是和他们点了点头，笑了笑。

小李正在专心致志地钓鱼，突然看到所长放下钓鱼竿，踩着水面，去

了池塘对面的公共厕所。看着所长健步如飞的模样，小李惊讶不已，他不由得扪心自问：难道所长是传说中的武侠高手？他不好意思直接问所长，只好忍着。没过多久，位于小李另一侧的主任也站起来，从水面上趟水而过，如履平地。博士的眼珠子都快惊讶得掉下来了。但是，他还是忍住没问。他暗暗想道："我可是个大博士啊，怎么能显得这么无知呢！"过了一阵子，博士也内急了，他想如果从岸边走到池塘对面的公共厕所，至少要走十分钟。这时，他突然壮起胆子，抬腿朝着池塘迈步。他一下子掉入池塘里，幸好所长和主任赶紧赶到，用竹竿把他拉上来，他才避免被淹死。

看着狼狈不堪的博士，所长笑着问："小李啊，你有什么想不开的事情吗？为什么要跳进池塘啊？"博士尴尬地说："我看到你和主任都是从水里走的啊。"所长哈哈大笑，说："我们从水里走，也没有跳到池塘里啊。你不知道，池塘两头分别有两排木桩子，可以走过去，所以我们每次钓鱼都靠近木桩，这样走过池塘去厕所很方便。你初来乍到不知道，怎么不问一下呢！难道你还真的以为自己是金庸笔下的武侠高手啊！"

作为大博士，小李非常迂腐，而且还过于爱惜颜面。假如他能够变通一下，找个借口问问所长和主任为何能够踏水而过，也许就不会闹出这样的尴尬。当然，如果小李不那么爱面子，也许可以直截了当地请教所长和主任，也就不会那么难堪。

其实，人活一世，最重要的是问心无愧，不要因为一味地爱面子，就掩饰事实。很多时候，我们都需要一个借口。其实，人生并没有过不去的坎，在生死面前，一切问题都不成问题。只要我们心中想开了，能够坦然面对，又何必斤斤计较所谓的面子问题呢！其实，我们的尊严在我们的心里，只要我们内心坦然，就能从容应对世界。人生道路上，我们无需过于浮夸，也无需用那些奢华的语言掩饰自己。因此，我们应该自信，走出虚荣的囚牢，这并非软弱无能，而是人生至高无上的智慧。

人生没有重来的机会，任何情况下，我们都要把握好人生的每一天，让人生充实而又快乐地度过。人生除了生死都没有过不去的坎，所以对于人生中不值一提的小事，我们必须放下自己的面子和尊严，从而为自己的人生赢得更加美好的未来。

发泄吧，每个人都有哭泣的权利

一直以来，人们都以为哭泣是女人和孩子的专利，而觉得男人理所应当有泪不轻弹。实际上，不管对于女人和孩子，还是对于男人而言，哭泣都是一种非常好的发泄方式。特别是在现代社会，每个人都承受着巨大的压力，导致内心焦灼不安，又因为生活和工作节奏的加快，从而使得生存变得越来越艰难。在这种情况下，适当发泄情绪是非常重要的。前文我们说了，倾诉是一种很好的发泄方式，实际上，除了倾诉之外，我们每个人只要想哭，都可以哭泣。

当然，因为每个人的性格不同，有些人当着很多人的面也可以哭得梨花带雨，但是大多数人都碍于面子，很少在外人面前哭泣。其实，哭泣未必要有原因，无聊了可以哭泣，伤心了可以哭泣，甚至莫名其妙地也可

以哭泣……总而言之，哭泣并不是一场灾难，反而大多数人在哭泣之后，都会感到发自内心的轻松惬意。然而即便如此，哭泣也似乎依然被认为是不那么光彩的事情。正如刘德华的一首歌中唱的那样，男人哭吧哭吧不是罪。我们要说，大家哭吧哭吧不是罪，想哭的时候就可以尽情地哭泣，不想哭的时候，当然可以开怀大笑。

在大多数人心目中，哭泣是软弱怯懦的表现。实际上，美国有位著名的心理学家曾经专门花了几年的时间研究哭泣，结果证实男人在一个月的时间里哭泣的次数不超过七次，但是女人则超过三十次。哭泣是一种进化的行为，和语言一样，是人类特有的行为和举动。所以，哭泣是每个人的专利和特权，我们一定要好好运用，才不辜负这样的独特权利。从另一种意义上来说，哭泣也是沟通感情的重要方式之一。哭泣能够降低别人对我们的警惕心理，也能建立人们彼此之间的联系。当我们看到他人当着我们的面不加掩饰地哭泣时，我们就会感受到他们最脆弱的感情，也会了解他们最真实自然的一面。这样一来，我们与他人的关系自然更加和谐融洽，也会变得更加美好。这对于我们的生活和工作都是有益的。

自从妻子去世之后，爱妻深切的林强一直都在强忍着悲痛。他带着三岁的儿子一起生活，每天都既当爹，又当妈，辛辛苦苦地抚育儿子长大。几个月之后，林强已经渐渐习惯了妻子不在的生活，应付儿子的时候也不手忙脚乱了。然而，在妻子的生日上，他定了一束玫瑰，买了妻子最爱的冰淇淋蛋糕，去了妻子的墓地，惊天动地地哭了一场。是啊，作为一个年轻的单身爸爸，没有人知道他承受了多大的压力，也没有人知道他的内心多么痛苦。家里到处都是妻子的影子，他不管走到哪里，都能回忆起曾经和妻子一起度过的风风雨雨。对于林强，这一切悲痛都已经在他心里压抑太久了。

哭过这一次之后，林强觉得自己心中轻松多了。眼泪似乎洗刷了他对于妻子的思念，也让他痛定思痛，更加想方设法恢复自己的精气神，养育好他与妻子爱情的结晶——儿子。

一个痛失爱妻的男人，惊天动地地哭一场，并不是软弱怯懦的表现，而是感情的一种发泄，他能够在哭过之后，以更加坚强的姿态面对生活。人生在世，每个人都有喜有悲，有快乐有担忧，所以必须摆正自身的位置，也打开自己的心扉。所谓人世间的万事万物，都是有其自身的规律的。我们即便再怎么希望改变它们，也不能违背自然规律。哭泣，就是命运赐予人的一项特殊权利。朋友们，好好运用哭泣的权利吧。高兴了可以哭，悲伤了可以哭，绝望了可以哭，为难了可以哭……总之，只要想哭，我们就可以自由自在地哭。

正如天空雨过天晴，哭泣之后，我们的心情也会绽放出美丽的彩虹。

哭泣和欢笑一样，都是人正常的生理反应，无可指责。每个人都有欢笑的权利，也有哭泣的权利。当欢笑和哭泣一样成为我们人生的陪伴，我们的人生就会变得多姿多彩。

哭泣并不丢人，因为哭泣不是软弱怯懦的表现，而是人生的正常权利。一个人哭过了，依然可以成为顶天立地的强者，傲然挺立于天地之间。

雨过天晴的人生，必然有着更加晴朗的天空和欢快的情绪。

摆脱抑郁，最重要的是与别人交流

有人说，人生如同一次征途，我们独步人生，难免会遇到种种困难，困难面前，我们难免会悲观失望，甚至看不到一丝曙光，但如果能听到朋友们的鼓励和支持，我们就会重获力量，闯过难关。

专家曾研究过，人际关系不好，性格孤僻或跋扈、有缺陷的人，容易导致抑郁症，抑郁又会进一步使人际关系恶化，这是一种恶性循环。

小刘是一名品学兼优的学生，马上就要硕士毕业了，但他的心里一直都有解不开的结。毕业前，他终于向多年的好友敞开了心扉。

“其实，以前我的人际关系很好，你也知道，直到现在，我的人际关系也不坏，所以，我一直比较乐观。只有一件事，我为此痛苦过，自卑过，就是自己是乙肝病毒携带者，担心自己即使念到硕士，还是找不到工作。我是从山沟里走出来的，怕父母失望。我一直认为，这是我经历过的最痛苦的事情了，没想到和另一件事相比，这根本不算什么。你知道，上星期我们班的李继出车祸了，居然一夜之间成了残疾人，我才发现，自己比他幸福得多。能跟你把这些心里话说出来，我心里舒服多了。”

很多数据和事实一再说明了这样一个令人感到遗憾和痛心的现象：有心理障碍并想不开的人，大多数没有寻求过心理帮助。很多艺人之所以会选择自杀，就是因为他们有过重的心理压力而又不向朋友倾诉。生活中多数人回避自己的心理问题，不去勇敢地正视和面对它，没有积极地进行规范治疗，结果导致悲剧事件屡屡发生。

敞开心扉是抑郁症患者摆脱抑郁的关键。而抑郁症患者为什么很难

做到这一点？因为他们有某种心理上的顾忌，他们不愿意承认自己有抑郁症，更别说积极主动地配合医生治疗。

很多抑郁者在患病后，会选择偷偷吃药而不公开病情，就是因为他们对抑郁症的认识不足，将它误认为神经衰弱、精神分裂，再加社会上一些人对患者投以冷眼或歧视，背后传播流言蜚语，让那些本已伤痕累累的心灵雪上加霜，不敢袒露自己的苦闷。

那么，我们该如何向朋友寻求帮助呢？

1.寻找信任的朋友。

只有信任的朋友才会为你保密，真心地帮你解开心结。

2.不要为朋友带来困扰。

你需要寻求帮助的朋友必须是内心坚强的人，如果他比你更容易产生抑郁情绪，那么，你只会为他带来困扰。

3.必要时寻求心理医生的帮助。

如果你觉得朋友并没有帮助你脱离内心的煎熬，那么，你应该说服自己，寻找心理医生来为你解疑答惑。

生活中，寻求心理治疗的患者多半有两种情况，一种是自己已经认识到问题的存在，自愿寻求帮助；另一种是在爱人、朋友、父母的支持下寻求心理医生的帮助，这对于患者的治疗和恢复有很大益处。

了解抑郁，才能更有效地远离抑郁。越早去面对心理创伤，就会越早走出心理创伤的阴影。要摆脱抑郁，最重要的是与别人交流，敞开自己的心扉，才能找到症症，对症下药。

第05章

清除抱怨情绪，传递好情绪才能换来好运气

学会看到生活中美好的一面

社会是个大舞台，上面汇集着各种性格的人。在与人交往时，烦心事时常有之，学会转换心情才是真道理。抱怨、反感等不良情绪只会让我们更加烦躁罢了，所以我们要学会换位思考。当我们懂得去换位思考的时候，就会在遇到问题时多站在别人的角度来看待问题，设身处地为他人着想。这样，我们不仅赢得了友谊与好感，还能让自己保持心胸的豁达，收获美好的心情。当我们做到这些的时候，我们就能够更多地理解别人，宽容别人。在生活中，学会换位思考，化干戈为玉帛，把一些消极的思想转换得更加积极乐观，这样下来我们看到的是生活中更为美好的一面，随之心情也会更加愉悦、舒心。

曾经有这样一个故事，让我们懂得快乐不是强加的，我们只有站在他人的角度去体会对方的快乐，自己才能感受到其中的真正快乐。

圣诞节来临了，有一位母亲带着自己的5岁儿子去买礼物。街上可谓是热闹非凡，圣诞歌飘荡在空中，橱窗里的礼物像是在向大家招手……整条街道都沉浸在节日的欢乐海洋里。

“眼前的这幅绚丽而又美好的画面会让一个5岁的男孩多么地兴奋、多么地开心啊！”母亲毫不怀疑地想。然而她绝对没有想到，儿子紧拽着她的大衣衣角，呜呜地哭出声来。

“为什么哭了呢，我的宝贝，你如果不高兴的话，怎么迎接圣诞精灵啊！”

“我……我的鞋带开了……”

于是，母亲蹲下身来，帮儿子整理鞋子。无意之间，母亲抬头看了一眼周围。这一刻，她惊呆了，本以为儿子会为这热闹的场景兴奋得手舞足蹈，可是他原来什么都看不见。她眼中橱窗里的礼物，她眼中五颜六色的花灯，她眼中……这一切对于年仅5岁的儿子来说，以他的身高原来什么都看不到。儿子看到的是来来往往的大脚和不断闪过的裙摆……

眼前的场景让这位母亲真的是感到恐惧与难过。她从来没有站在儿子的角度去思考问题，想一下什么才是他真正喜欢的。她感到非常震惊，立即起身把儿子抱了起来……

自此以后，这位母亲懂得了什么才是换位思考，也不再把自己眼下的快乐强加给儿子。“站在孩子的立场上看待问题”，母亲通过自己的亲身体会认识到了这一点。

学会换位思考，多一份理解，少一份争执，能看出你良好的修养和宽广的心胸。下面这个故事将会告诉你这个道理。

小敏是一家咖啡店的服务员，每天都要面对各种各样的顾客。

“服务员！抓紧来一下！”一位男士大声地喊着，一手指着面前的杯子，气愤地对小敏说，“看看！看看！你们的牛奶是坏的，把我的一杯好红茶都给糟蹋了！”

“这位先生，真是不好意思！”小敏马上走上前去向顾客道歉。然后，又笑着对顾客说：“您稍等，我重新给您换一杯。”

小敏立刻去为这位男士端来一杯新的红茶，跟之前的是一样的，碟边依然还是准备了新鲜的柠檬和牛奶。她慢慢地把红茶端到这位男士的面前，又轻声对顾客说：“不好意思，我是不是能建议您，如果放柠檬的话，就不要加牛奶了，因为有时候柠檬酸会造成牛奶结块，而且味道也不是那么纯正了。”

这时这位男士的脸刷地一下变红了。他快速地把茶喝完，什么也没说就急忙地走了。这时，有人对小敏说：“明明是他自己的问题，你为什么不直说呢？他还对你那么粗鲁，你为什么不还他一点颜色看呢？”

“这位男士之所以会这样是因为他不知道里面的缘故，所以没必要跟他生气，其实这样委婉地告诉他更容易让他接受！”小敏说，“换位思考一下，也可以为他留点面子。现在都提倡以和为贵，我们也应该用和气来招待顾客！和气才能生财嘛！”

如果在生活中能够做到换位思考，就会让结果截然不同。一个小小的换位思考，就会多一份理解，少一份争执，不仅能体现一个人的修养，更能赢得别人的尊重。同时也不会因为抱怨与吵闹影响到自己的好心情。

朋友们，你是否感觉身边有着很多的抱怨声？比如：埋怨社会的不公，埋怨付出与收获不成比例，埋怨家人不理解自己，埋怨总是处处不顺心……远离抱怨的世界，我们才能在自己生活的原点改变自我，发现一个全新的自己，让人生充满更多的满足与欢乐。我们要懂得扩大自己的心

胸，懂得立足他人角度思考问题，这样才会发现我们眼中的世界原本可以如此美丽，生活原本可以如此丰富，精神原本可以如此充实。

不过多地审视别人的短处

这个世界并不缺少美，我们缺少的只是发现美的眼睛。俗话说："金无足赤，人无完人。"每个人不可能没有一点缺点，伟人也好，平凡人也罢，都是如此。如果我们总是看到他人的缺点，抱怨他人的种种不好，那我们怎么可能愉快地与人相处呢？生活中，我们常常为鸡毛蒜皮的事情吵闹，好像让步就等于自己会吃亏一样。退一步海阔天空，只要退一步我们就会发现事情可以往更美好的方向转变。只要退一步，不过多地审视别人的短处，就会发现他身上的闪光点，就会发现自己的抱怨是多么可笑，就会发现快乐就是这么简单。

甘戊出使齐国，前去游说齐王，走了几天来到一条大河边，甘戊无法向前，他只好求助于船夫。

船夫划着船靠近岸边，见甘戊一副士人打扮，便问："你要过河去干什么？"

甘戊说："我要到齐国去，替我的国君游说齐王。"

船夫满不在乎地指着河水说："这条河只不过是个小小的缝隙而已，您都不能靠自己的本事渡过去，您怎么能替国君充当说客呢？"

甘戊反驳船夫说："您说的并不对呀。您不了解世上的万事万物，它们各有各的道理，各有各的规律，各有各的长处，也各有各的短处。比方说，兢兢业业的人忠厚老实，他可以辅佐君王，但却不能替君王带兵打仗；千里马日行千里，为天下骑士所看重，可是如果把它放在室内捕捉老鼠，那它还不如一只小猫顶用；宝剑干将，是天下少有的宝物，它锋利无比削铁如泥，可是给木匠拿去砍木头的话，它还比不上一把普通的斧头；就像你我，要说抡桨划船，在江上行驶，我的确远远比不上你。可是若论出使大小国家，游说各国君主，你能跟我比吗？”

船夫听了甘戊一席话，顿时无言以对，也似乎长了不少知识。他心悦诚服地请甘戊上船，送甘戊过河。

人各有所长，不要总是带着有色眼镜去看他人，埋怨他人这样或那样，这是一种很不好的习惯，而且也会影响自己的情绪。其实，总是去跟他人做对比本来就是徒增烦恼的行为，也是聪明反被聪明误的开始，如果你足够强大，那就敞开心扉去帮助他人，相信你的努力会让彼此的心情更加明媚。

如果你对他人的缺陷感到反感，你更应该去做的是接纳，而不是抱怨。

1.懂得欣赏他人

学会欣赏也是一种尊重和关爱，欣赏能够增加别人的勇气和信心，给人带来很大的激励作用。慢慢发现别人的优点，不要总是抱怨，这样才是一个心胸宽广的人。

2.学会包容与接纳

每个人都是不完美的，都有着一定的缺陷，这就是所谓的“人无完

人，金无赤金”。我们很多时候总是忽略自己的不足，为什么还对他人的缺点斤斤计较呢？再来想一想，“三人行，必有我师”，其实你觉得有缺点的人都有他们的优点，或许有的优点是还是自己应该学习的地方呢。

用心去活现在，把握住人生的幸福

毕加索说得好，“人生应有两个目标：第一是得到所想要的东西，尽力去争取；第二是享受它，享受拥有它的每一分钟。而常人总是朝着第一目标迈进，而从来不争取第二个目标，因为他们根本不懂得享受”。

在追寻幸福的路上，总是有人在不断抱怨自己的生活不够完美，自己不幸福。其实，不管你现在觉得多苦，你的身边总是有很多幸福和快乐的。幸福不会长有翅膀，只要懂得珍惜就不会溜走。世间最值得珍惜的不是得不到和已失去的，而是现在所拥有的。

在欧洲的一个国家中有一位著名的女高音歌唱家，她在30多岁的时候就红遍了全国。后来又幸福地和相爱的人结婚了。婚后，两人过得十分幸福，是众人羡慕的对象。

有一年，这位女高音去邻国举办个人演唱会，演唱会的票在几分钟内就被抢购一空了，她的演出得到了大家热烈的欢迎。在演出结束之后，她的丈夫和儿子一起到剧场来看望她，而他们被等候在那里的歌迷团团围住，歌迷都表示了自己的羡慕之情。

但就在歌迷表示羡慕的时候，这位女高音什么话都没有说。当歌迷安静下来之后，她只是淡淡地说："我先要对大家的赞美表示感谢，我希望在之后的生活中我们能够共享快乐。但是你们只是看到了我光鲜的一面，其实我的儿子是一个不能开口说话的聋哑人，而且我还有一个长年关在家里的精神分裂症女儿。"

这位女高音的话让所有的人都为之一惊，他们你看看我，我看看你，都不知道该说什么了。而这位女高音则非常平淡地对他们继续说："我珍惜自己拥有的，我觉得自己现在很幸福。"

昨日已成历史，明日尚不可知，只有"现在"我们拥有的才是上天赐予我们最好的礼物。人世间最大的悲哀，就是人们对已经拥有的东西不去珍惜，但对得不到或已经失去的东西却念念不忘。

1.细数你的幸福

其实你拥有很多东西，你可以把你拥有的所有美好事物都记录下来，然后设想一下，假如你写的这些都失去了，你的生活将会变成什么样子呢？等你充分体会到了这种失落空虚的感觉，再慢慢地、一件一件地把这些身边的幸福还给自己，这时你就能体会到自己拥有的幸福，心情也就好多了。

2.跳出"我没有"的牢笼

生活中，不要总是说"我没有"，跳出"我没有"的思维牢笼，把握当下，这种人生中自有一种境界和大度，让我们淡化忧伤、抱怨和欲望。也许我们总是因为自己的一些小缺陷而痛苦，但它们是我们生命的组成部分，接受它且善待它，我们的人生便会多一份财富。

3.避免抱怨

我们总是抱怨就是因为我们忽略了身边的小幸福。抱怨严重影响我

们的身心健康。若我们总是在抱怨的情绪下，所有的事情好像都是不顺利的，总是很难达到让自己满意的结果，甚至都是痛苦的源泉。

不要总是诸多抱怨，能在很大限度上避免痛苦的产生，体会身边的幸福。对人对事有所求，最后没达到目的才会痛苦。如果对人对事抱有平常心，充分理解他人就不会事事苛求，自然也就不会有那么多痛苦。

我们的生活，就是由无数个“现在”组成的。走过昨天，把握现在，珍惜自己所拥有的，做好现在手中的事情，体会现在的感觉，用心去活才能把握住人生的幸福。

多一份努力，少一些抱怨

人们每天都要为生活奔波，每天都要踏入职场，每天都要面临紧张的工作，还要处理复杂的人际关系，于是，开始抱怨生活，抱怨上司，抱怨同事，抱怨薪水低，抱怨工作任务重……不知道从什么时候起，抱怨演变成了一场瘟疫。被抱怨包围着的人，似乎从来没有顺心过，似乎再也遇不到高兴的事。高兴的事情被抛在脑后，不顺心的事情总挂在嘴边。因为抱怨，他们不仅把自己搞得很烦躁，也把别人搞得很不安。而实际上，抱怨对于事情的解决毫无益处，只会让我们在忙碌中兜圈子，相反，如果能心平气和地正视问题，理清自己的思绪，那么，找到解决问题的方法的概率便会大大提高。

小李高考落榜后，就在一家汽车修理厂工作，从工作的第一天开始，

他就对自己的工作充满了不满，开始抱怨："修理这活太脏了，瞧瞧我身上弄的。""真累呀，我简直要讨厌死这份工作了。""要不是考试中出了点失误，我现在都是名牌大学的学生了。做修理这活太丢人了！"

每天，小李都在煎熬和痛苦中过日子，但他又害怕失去手上这份工作，于是，只要师父不在，他就要滑偷懒，应付手中的工作。

几年过去了，与小李一同进厂的三个工友，凭着各自的手艺，或另谋高就，或被公司送进大学进修，唯独小李，仍旧在抱怨声中做他蔑视的修理工。

可见，身处职场的人，无论从事什么工作，要想取得成绩，就必须拿出全部的热情，如果像小李那样鄙视、厌恶自己的工作，对它投注"冷淡"的目光，那么，即使从事最不平凡的工作，也不会有所成就。

工作中，无论是出现了问题，还是为了取得更好的成绩，我们都不能一味地抱怨，抱怨只会让自己失去动力，让事情恶化。要记住一点，我们的最终目标是解决问题，而不是发泄情绪。

抱怨会破坏一个人的潜意识。你是否有这样的体会：一旦抱怨，手上正在做的工作就会不自觉地慢下来或者停下来，因为需要时间和精力去为自己鸣不平、讨公道，久而久之，不仅直接影响工作和生活，还影响心情和心态。真正的勇者，从不抱怨，总是能冷静地看待世界，审视自己，最终成就自己。

事实上，没有一种令人十分满意的生活、工作模式，人一不满意就容易产生抱怨。但如果动不动就抱怨，而不是以一种积极的心态去解决问题，就等于拿石头砸自己的脚，于人于己于事都无益。所以，每个人都应

该认识到：工作，是实现自己人生价值的方式之一，其本身就是幸福的源泉之一。

无需抱怨，每个人都有缺点

在这个世界上，没有人能够仅仅依靠自己的力量独立生存。尤其是在现代社会，社会分工和合作越来越密切，我们更需要具备与人合作的良好精神，融入团队之中，借助于团队的力量，才能成就自己。一个人即使能力再强，也无法仅仅依靠一己之力，因为现代社会已经不提倡个人英雄主义，任何人都必须融入集体之中，才能最大限度发挥自身能力，实现人生的成就。

当然，每个人都是完全独立的人生个体。每个人的人生经历、成长背景和阅历，以及世界观、人生观和价值观等观念都是不同的。这也就决定了人们在彼此交往的过程中，一定会因为各种各样的原因产生矛盾和摩擦，这也直接导致人与人的相处是非常复杂的，很难完全协调好。大多数情况下，我们总是从主观出发，自以为自己做得十全十美，因而将一切的责任和抱怨都归结到他人身上，从而导致对他人怨声载道，由此一来也必然导致人际关系恶化。

人们常常用心有灵犀、默契等词语形容那些志同道合的朋友，而用针尖麦芒等词语形容那些话不投机半句多的人。实际上，只要我们拥有宽和的心态，能够对他人像对自己一样多些宽容和容忍，我们与他人的相处则

一定会更加和谐融洽，我们也能够更加容忍他人，理解和体谅他人。

生活中，需要更多的人宽以待人，严于律己。假如把这其中的关系颠倒过来，变成宽以待己，严格对待他人，那么人际相处就会变得困难很多。尤其是在现代职场上，如果因为分工合作等原因，导致彼此之间需要承担责任，那么主动承担责任的人一定能够成为团队中的灵魂和骨干人物。相反，那些推卸责任，并且指责他人的人，只会让人弃而远之。所以不管是在生活中还是在工作中，我们必须学会接纳他人的缺点，才能拥有更多的朋友，丰富和拓展自己的人脉，反过来也因此让自己变得处处受人欢迎。

大学毕业后，晓晓进入一家公司工作，和在大学校园里一样，她依然独来独往。虽然领导让她进入一个项目小组工作，但是她却和同事们很少来往，除非工作需要，否则连搭讪都没有。渐渐地，同事们都越来越讨厌她。当公司年终进行调整，重新分组时，几乎没有小组愿意接纳晓晓。上司对此很奇怪，因为晓晓是硕士研究生，而且工作能力也比较强。为此，上司私底下了解原因，这才知道面色冷峻、拒人于千里之外的晓晓，每次在工作上出现错误，都会对他人吹毛求疵，不是说这个人能力不足，就是说那个人专业知识太差，一来二去，组里的人几乎都被她批评过了。但是组里的人一致反映，晓晓本人特别喜欢挑剔别人，却从不进行自我反省，所以大家都不愿意继续与她共事。看到自己被大家挑剔，晓晓觉得很委屈。在从上司口中知道自己的缺点之后，晓晓当即决定认真改正。

实际上，人的本能就是夸赞自己，挑剔他人，如果我们能够端正心

态，理智对待他人的缺点，从而严于律己，宽以待人，那么我们就会得到他人的认可和尊重，我们与他人的交往也会变得更加理智，相处也会变得更加和谐融洽。朋友们，记住了，要想成为受欢迎的人，我们就要像接纳自己一样接纳他人的缺点和不足，像宽容自己一样宽容他人有心或者无心的过失，也要像对待他人一样严格进行自我反省，找到自己的不足，努力提升和完善自己。

1.与人相处时，我们一定要避免带着有色眼镜看人，不要先入为主，对他人进行主观地评价和判断，这是有失公平的。

2.和他人相处时，我们要用放大镜看待他人的优点，用缩小的镜子看待他人的缺点，这样我们才能做到宽容和体谅他人。

3.我们应该怀着宽容平和的心态，对待他人，也接纳他人。要知道，批评和苛责尽管有的时候必不可少，但是真正能够使人心甘情愿改变自己的，却是赞美。

4.当我们指责别人的时候，不如想想自己是否也有相似或者相同的缺点。所谓打铁还需自硬，我们如果自己都做不好，又有什么资格指责别人呢！唯有与他人共勉，我们才能获得更大的进步。

与其抱怨，不如把困难踩在脚下

提起困难，我们会想起很多词语，诸如“迎难而上”“知难而退”等等。毫无疑问，迎难而上是人们更为提倡的一种对待困难的态度，因为只

有迎难而上，我们才有可能战胜困难。相比之下，知难而退则显得不那么受推崇了。大多数失败者之所以失败，就是因为没有战胜困难的勇气，一遇到困难就畏缩。不过，迎难而上的人往往需要莫大的勇气，怀揣着高尚的理想和志气，抱着和困难同归于尽的决心。那么，有没有更好地对待困难的态度呢？生活中，我们总是把困难当成是一种阻碍，似乎困难与成功总是背道而驰的，是成功的大敌。因此，只要一提到困难，我们就大义凛然，弄得自己就像是要英勇就义的战士一样。假如换一个角度看待困难，我们也许会有惊喜地发现。例如，我们无需硬着头皮迎着困难往上冲，我们也可以把困难踩在脚下，让它成为我们走向成功的阶梯。对，就是这样，把困难踩在脚下。

古人云：宝剑锋从磨砺出，梅花香自苦寒来。还有一首歌唱道：不经历风雨，怎能见彩虹。天上从来不会掉馅饼，机会只为那些有准备的人，既然如此，我们还能抱怨什么呢？不管做什么事情，我们无一例外地都会遇到困难，要想战胜困难，重要的不是我们遇到的是怎样的困难，而是我们采取怎样的态度面对困难。把困难踩在脚下，使其成为我们不断进步的阶梯，这才是聪明人的做法。把困难踩在脚下，你才能站得更高，看得更远。生命就像是化蛹成蝶的蚕茧，只有经历一次次蜕变，才能增加生命的厚度，最终完成华丽的转身。假如人生没有困难，未免显得过于单调和寡淡。正是在一次次的挑战与超越之中，我们的能力不断得到提高，我们的心智越来越成熟，我们的人生越来越开阔、丰满。所以，让我们拥抱困难吧，只有这样，我们才能拥有精彩的人生旅程！

有一天，一个农夫牵着一头驴子去赶集。在回家的路上，驴子不小心掉进了路边干草遮盖的枯井里。农夫赶紧想办法救驴子，然而，他尝试了很多办法，都没有用。眼看着天就要黑了，驴子依然在井里痛苦地哀号着，农夫则急得团团乱转。最终，农夫决定放弃这头驴子，毕竟这头驴子的年纪已经很大了，也干不动农活了。为了避免其他人也掉进枯井之中，农夫决定把枯井填上。因此，农夫赶紧回家找来邻居，大家一起拿着挖土的工具，开始往井里填土。

驴子似乎意识到了主人的真实意图，因此，它开始绝望地哀号。农夫很伤心，但是却依然往枯井里填土。出人意料的是，不久之后，这头驴子不再号叫了，变得安安静静。农夫以为驴子死了，就探头往井里看。见到井里的情景，农夫不由得大吃一惊，只见每当有土落到驴子身上的时候，它就机灵地将其抖落下来，然后再站到泥土上面。就这样，驴子把所有的泥土都抖落到脚底下，它离井口越来越近了。最终，它精神抖擞地踩着泥土到达了井口，并且在众人难以置信的目光中欢快地跑开了。

面对生存的绝境，驴子并没有放弃自己求生的欲望。哀号之后，它灵机一动，把掉落在自己身上的泥土全都抖落下去，并且最终踩着这些泥土到达了井口。其实，我们在生活中所遇到的那些困难也是生活强加给我们的“泥土”，这个时候，怨天尤人没有用，哭天抹泪也没有用，我们唯一能做的是换一个角度看待困难，将其转化成我们的垫脚石。不管我们遭遇了多少困难，只要我们像那头驴子一样锲而不舍地抖落它们，然后再把它们踩在脚下，那么，我们就能够安然地度过困境。

面对困难，最重要的就是临危不惧，坚定不移，永不放弃。只要我们

调整好自己的心态，以沉着、冷静的态度处理困难，我们就能够从困难中发现有利于我们的一面，从而真正地解决问题。总而言之，一切都取决于我们自己。人生的路很漫长，要想拥有精彩的人生，我们就要做好面对困难的准备，坚决地把困难踩在我们的脚下。

第06章 控制愤怒情绪，心宽一点愤怒少一点

多一些思考，少一次冲动

培根说过："冲动如同地雷，碰到任何东西都将同归于尽。"从这句话中我们可以看出冲动的危害之大。其实，那些比较冲动的人，一般很容易被他人激怒，进而会做出一些超乎人们想象的事情。一旦造成危害，说后悔将为时已晚。所以说，冲动是魔鬼，倘若我们面对事情能够认真地考虑一下，在大脑中把过程走一遭，缓缓再做决定，那么将会避免很多悲剧。

很久之前，有一个人脑袋特别不灵活，非常笨，所以他一直生活得特别穷苦，但是有一点就是他的运气还算可以。在一次下雨的时候，有一堵围墙被雨水冲倒了，他居然从倒了的墙里挖出了一坛金子，因此他一夜暴富。可是他依然很笨，他也知道自己的缺点，于是就向一位老先生诉苦，希望老人能指点迷津。

老先生说："你现在发达了，但是你没有智慧，为什么不用你的金钱去别人那里换取智慧呢？"

听完老先生的话，他就去城里寻求一位智者的帮助，见面之后他问：

“你能把你的智慧卖给我吗？”智者答道：“我的智慧很贵，一句话100两银子。”

他答应了智者，并且许诺只要能够传授智慧，多少钱他也不在乎。

于是那个智者对他说道：“遇到困难不要急着处理，向前走3步，然后再向后退三步，往返3次，你就能得到智慧了。”

听完之后他觉得这位智者是在骗自己的钱财罢了，哪有这么简单的道理。

这时智者看出了他眼睛里表现出来的疑惑和不信任，就对他说：“你先回去吧，如果觉得我的智慧不值这些钱，那你就不要来了，如果觉得值，就回来给我送钱来！”

带着疑惑和不解他回家了，到窗前，他模模糊糊地看到自己的老婆和另一个人在一张床上同眠，此时他心生愤怒，想着立刻拿刀去砍那个人。突然，他想到白天买来的智慧，于是前进三步，后退三步，各三次，正走着呢，那个与妻子同眠者惊醒过来，问道：“儿啊，你在干什么呢？深更半夜的！”

这时他一听这不是自己的母亲吗？好险好险啊，若不是听从智者的话，或许今天就酿成大错了。

鲁莽和冲动是解决不了问题的，这是一种极为不利的负面情绪。所以说，遇事沉淀一下自己的内心，不仅是一种心理战略，也是一种处世原则。

《奥赛罗》是莎士比亚的四大悲剧之一，这部作品涉及多方面主题，很多次出现在银幕上，可以说是大家非常喜欢的一部作品。奥赛罗是威尼

斯公国的一员黑人勇将，他爱上了元老的千金苔丝狄蒙娜，他们在巨大的压力下步入了婚姻的殿堂。他手下的旗官伊阿古，是一个阴险狡诈的人，他嫉妒、憎恨奥赛罗，欲除之而后快。于是，他精心设计了圈套，离间奥赛罗与苔丝狄蒙娜之间的感情，并造谣说苔丝狄蒙娜与奥赛罗的副将凯西奥有染，还伪造了所谓的定情信物。奥赛罗对此深信不疑，怒不可遏的他亲手掐死了自己的妻子。而当他得知真相后，又在悔恨之下拔剑自刎殉情。

朋友们，从这部作品中我们应该可以看出冲动是多么地可怕。如果不事先好好考虑一下事情的状况，不懂得冷静，仅仅凭借自己一时的判断来处理事情，这样酿成的大错或许永远无法弥补。战功显赫、智勇兼备的将军奥赛罗之所以会做出让自己懊悔不已的行为，后又自杀殉情，不就很好地证明了这一点吗？

总之，多一份思考，少一份冲动，问题将会解决得更加顺畅。

看完以下几点，你将会知道遇事怎样才能避免冲动。

1.深呼吸，放松自己

如果控制不住自己的情绪，你可以采用深呼吸的方法，让自己的身心保持放松。闭上眼睛，匀速呼吸，慢慢地，慢慢地，你的心就会静下来了。

2.转移注意力

你不妨先闭上眼睛，然后想想让自己高兴的其他事情，并尝试着站在其他人的角度审视自己的行为，这样自己就会没有那么激动了。

3.学会忍耐

适当的忍耐不是懦弱，而是一种修养。一个理智的人不管遇到什么事情，不管别人如何“挑衅”，都会保持冷静的头脑，会让理智驾驭自己的情绪，体现自己的风度。

发怒伤身，不如去宽恕和理解

曾经有这样一个小男孩，他的脾气特别不好，总是因为一些小事情乱发脾气，面对这样的情况，他的爸爸感到很担心，于是决定帮他改掉这个坏习惯。有一天，爸爸送给小男孩一袋钉子，如果哪次想跟人吵闹或发火的时候记得在院子的篱笆上钉一根。第一天，男孩钉了三十多根钉子。后面的几天他学会了控制自己的脾气，每天钉的钉子也逐渐减少了。他发现，控制自己的脾气，实际上比钉钉子要容易得多。终于有一天，他一根钉子都没有钉，他高兴地把这件事告诉了爸爸。

爸爸听后笑着表扬儿子的进步，并且告诉他如果今后哪一天没有发火吵架的话那就把钉子拔掉一根。随着时间一天天过去，终于小男孩把篱笆上的钉子全部都拔掉了。爸爸带他来到篱笆边上，对他说：“儿子，你做得很好。可是看看篱笆上的钉子洞，这些洞永远也不可能恢复了。就像你和一个人吵架，说了些难听的话，你就在他的心里留下了一个伤口，像这个钉子洞一样，永远无法复原。”

其实，我们应该能感受到，在愤怒的情绪下我们无法感觉到生活的幸福美好。生活中不如意的事情很多，我们要做的就是排除烦忧，回归好心情。正如故事中的小男孩，如果他能把心放宽一点，遇事不要总是发

脾气，那么他的心情就不会那么糟糕。听从爸爸的劝告，他很好地学会了控制自己的情绪，转移了注意力，最后也明白了坏脾气的危害。其实，心宽一点，不仅能克制自己的坏脾气，也能防止对他人造成言语伤害。从此刻开始，希望我们每一个人能很好地控制情绪，让自己做得更好。

宽容是一件很难做到的事。就好像咽下了药片，明知道药物对身体有好处，吞咽的时候还是会觉得很痛苦，而且常常会被呛到。游泳的时候，如果我想锻炼手臂，我就不用腿部的力量，而只用手划，我照样能游到对岸，但是却要为之付出多得多的努力。当你心中充满了委屈和气愤，你的生活仍将继续，然而，你却受到了精神的拖累，这样你将无法再顺利如意。拒绝宽容就好像不用腿而只用手游泳一样困难费力。

唐代的任迪简考中进士后，在天德军使李景略那里任判官。有一天，李景略在军中宴请宾客，结果任迪简因故迟到，按照规矩应该被罚饮一大杯酒。可侍吏在倒酒时，不小心将醋当成了酒，给任迪简满满倒了一大杯。任迪简刚放到嘴边，已经尝出是醋了，但想到李景略平常严厉苛刻，如果让他知道此事，那个倒错酒的侍吏肯定性命难保，于是便忍酸硬是把那一大杯醋全喝了下去，帮助那个侍吏掩盖了过错。之后，他又找借口说这酒太淡了，请求李景略另换了酒。任迪简回家后，马上就病倒了，咳血不止，但仍没有把此事外传出去。后来军中将士不知怎么知道了，都被感动得流泪，李景略也深受感动，便没有去责罚那位侍吏。在李景略去世后，将士们纷纷请求让任迪简为主帅，德宗听说了此事，授任他为丰州刺史、天德军使，后升任御史大夫、散骑常侍，直至工部侍郎，追赠刑部尚书。后人崇敬他那与人为善的美德，誉之为“呷醋节帅”，《唐书》把他列为良吏作传。

宽以待人这种高尚的品格成就了任迪简，也让他得到了军中上下的尊重与赞美。在他人犯错的时刻他没有选择惩罚而是用宽恕来化解矛盾，这是一种多么高尚的境界啊！谁都免不了会有各种过错和失误，面对他人的过失，我们要以宽广的胸襟去理解、宽恕。发怒伤身，也伤感情。

心宽一点，怒才能少一点。我们要懂得处理自己的小心情，不要让愤怒侵袭自己和身边的人。

在世上生存，会遇到各种各样的人，也免不了会出现矛盾，产生不愉快的事。一旦遇到这种情况，如果让矛盾激化，那就会破坏自己的人际关系，或是阻碍发展前程。因此，最好的解决办法就是包容彼此，化干戈为玉帛。

别让愤怒左右自己的情绪

莎士比亚说过：“不要为了敌人而过度燃烧心中之火，不要烧焦自己的身体。”

愤怒，是人们情绪的激烈爆发。经常愤怒的人，不应当看成是性格使然，而是一种心理不健康的表现。愤怒情绪对人的心理没有任何益处。它会让人情绪低沉，总是沉浸在坏情绪中，对于我们的人际交往，愤怒可能会破坏我们的情感关系，阻碍情感交流，导致内疚与沮丧。不仅如此，愤

怒还可能导致高血压、溃疡、皮疹、心悸、失眠、困乏等疾病，严重的甚至引起心脏病。让愤怒左右自己的情绪，很可能让你失去自己珍惜的东西。

拿破仑就曾经有这样的经历。当他从西班牙战事中抽出身来匆忙赶回巴黎时，他听到消息说外交大臣德塔列朗要造反。当他抵达巴黎时，就立即召集大臣开会。会议上，他委婉地说明了自己已经知晓德塔列朗要造反的消息，但是让拿破仑感到奇怪的是，德塔列朗竟然毫无反应。可是，拿破仑再也无法控制自己的情绪了，他彻底爆发了，他走到德塔列朗面前说："有些大臣希望我死掉！"德塔列朗仍旧不动声色，只是带着疑问看着拿破仑，拿破仑实在忍无可忍了。

他朝着德塔列朗愤怒地喊道："我赏赐你无数的财富，给你最高的荣誉，而你竟然如此伤害我，你这个忘恩负义的家伙！你什么都不是，只不过是穿着丝袜的一条狗。"说完他就愤然离去。不明真相的大臣都面面相觑，他们没有想到拿破仑会如此失态。

德塔列朗依然是一副镇定自若的样子，他慢慢地站起来，转过身对其他大臣说："各位绅士，真遗憾，如此伟大的人物竟然这样没有礼貌。"

于是，皇帝的愤怒和德塔列朗的镇静很快在人群中传播开来，拿破仑的威望渐渐地降低了。伟大的皇帝在愤怒之下失去冷静，人们开始感觉到他已经开始走下坡路了，事实真的如德塔列朗所言："这是结束的开端。"

其实这正是德塔列朗想要的效果，他正是想用这种办法降低人民对拿破仑的期望。

人生不如意之事十之八九。在追逐梦想的路上，我们都会遭遇挫折、困难，也可能会被冷落、鄙视、嘲弄，甚至侮辱、践踏，愤怒情绪由此而生，当情绪产生的时候，不要像拿破仑一样，让愤怒左右自己，最后失去自己珍视的东西。

那么，我们该如何摆脱愤怒的情绪呢？

1.情景转移

转移怒气最积极的处理方法就是情景转移。当我们愤怒的时候，不妨来个“三十六计，走为上策”，迅速离开使你发怒的场合，可以和好友相约聚会，一起听听音乐散散步，可以去户外逛一逛，可以全身心地投入到感兴趣的事情中去，这样坏情绪也就转移了，你内心也会渐渐地平静下来。

2.包容别人

当与别人的说话方式、办事方法等有不同意见的时候，不妨以一种更为宽容的态度对待。对于别人的言行，你或许不喜欢，但绝不能动怒，动怒只会让别人变本加厉，你的情绪也好不起来。其实，你可以宽容对待，愤怒也就消失不见了。

3.发泄怒气

有些时候，愤怒已经出现，一时又无法控制，那不妨试着把它发泄出来，但应该注意的是，不要伤及他人。那么发泄有哪些方式呢？你可以找自己的好友，倾诉自己的不快，也可以到一个空旷的地方，放声大喊，或者到操场上尽情奔跑，让自己的坏情绪在奔跑中随着汗水流淌出来，然后痛快地洗个澡……那些愤怒自然全都消失不见了。

愤怒是人们因对客观事物不满而产生的一种情绪反应，是成功路上的绊脚石。我们应该学会制怒和泄怒，我们可以运用以下几种方法：学会转移怒气，学会提醒自己，学会发泄怒气，让怒气消失无踪。

当你被愤怒包裹时，先试着给情绪降温

人的一生需要经历许多事情，不可能所有事情都称心如意。不顺心时，每个人都可能失去理智、暴跳如雷。可是我们也知道，愤怒对自己的心理并没有帮助。一次愤怒无妨，但是如果始终生活在愤怒的情绪当中，那么他不仅得不到本应属于自己的快乐，甚至会让自己变得冷漠、无情和残酷，后果非常可怕。

如果我们想拥有一个健康的心灵，那么就应学会克制愤怒，不让愤怒左右我们的情绪。在生活中我们经常看见很多人为了一点小事就怒容满面，甚至与他人大打出手，这样的人，心理又怎能健康？那些怒火中烧而不加抑制的人，是难成大器的。

有的人面对怒气，就想随时发泄出来，认为不会“憋坏”自己。其实，这种发泄方式——乱发脾气，对于解决问题没有任何实质性帮助，还可能对我们的人际关系产生不好的影响，我们最好学习如何控制自己的愤怒。

著名作家艾莉丝和一位俄罗斯男子结婚，婚后，艾莉丝就在当地开了一家非常别致的咖啡屋，计划和老公一起在那儿安享晚年。

艾莉丝的丈夫有位姐姐，名字叫简，艾莉丝和简志趣相投，感觉对方和自己十分像，很快她们就成为无话不谈的知己。可意想不到的是，她们却因为鸡毛蒜皮的小事发生了矛盾。

事情源于艾莉丝在开咖啡屋的时候两人的约定：虽然咖啡屋的所有权归艾莉丝所有，但简有权从中收取一定的利润。可是当有一天艾莉丝看见简喝咖啡没有结账时，她就十分不高兴，心中很气愤，然后就与简吵起来，说为什么喝咖啡不付账。简也反唇相讥，反驳道：“我有权在自己的私有财产上做任何我想做的事情，你可别忘记了，我可是这家咖啡店的股东之一。”此后的一周，她们两个都没有说过一句话。咖啡店里的矛盾使她们的关系开始出现裂痕。

前不久，艾莉丝带着女儿去公园踏青时与简相遇，看见简坐在椅子上，而椅子比较小，无法容纳下三个人。于是艾莉丝非要简让座位给她。简觉得艾莉丝太不可理喻，于是两人又大吵起来。最后，艾莉丝和简形同陌路，曾经亲密无间的友谊也不复存在了。

愤怒有如一座“火山”，随时有爆炸的可能性，到那时，不仅会灼伤自己，也会危害到别人。同样，愤怒又是一种奇特的情绪，只要给它一点儿缓冲的时间，稍事等待，它自己就会不见踪影了。无论是谁，在生活中都不可避免地会遇到不顺心的事情，我们很容易被坏事情影响，我们自己要明白，尘世间很多事情无论对错、好坏，都有轮回，有开始就会有结束，这样我们的生活也就会更加美好。因此，我们应该学会改掉自己爱发脾气、情绪暴躁的毛病，让自己不再是别人眼中的“火药桶”。那么，当愤怒情绪影响我们的行动时，我们该如何处理呢？

1.释放自己的坏脾气

当怒气已经存在时，要格外注意控制自己的行为，防止因对行为的失控而产生新的致怒因素。在制怒过程中，要把怒气的自控和旁人的助控结合起来，乐于听取别人的劝告，这时你再学习一些制怒的技巧，比如转移、释放、躲避使你发怒的刺激，就可以远离怒气了。

2.克制自己的愤怒

我们要不懂如何控制自己的愤怒，让愤怒恣意蔓延，很可能会做出一些让自己追悔莫及的事情。

我们要发脾气的时候，不妨先忍耐一下，让自己冷静下来，能够理智地思考，这时候我们就会发现：有些事情根本没有发火的必要。

3.鼓励自己不乱发脾气

当我们产生怒气时，如果能保持高姿态，心胸开阔，进行自我安慰，来点“宰相肚里能撑船”的精神，使大脑盲目的冲动冷却下来，逐渐消除心中的怒气。同时，全身心地重新投入到工作和生活中去。

愤怒就像一把火，试图燃尽我们身边的一切。若当年项羽进入咸阳的时候，不被愤怒冲昏头脑，或许现在还保有阿房宫遗址。在生活中，我们千万不要被愤怒左右自己的行为，愤怒完全是一种破坏性的情绪，只有在人们想办法克服它的时候，它才凸显出它的正面的价值，促进自己积极向上。

懂得换位思考，怒气也会随之减少

陈哥在自己的网络公司新开了一个项目，这个项目在前期需要投入的资金很大，不仅需要他亲力亲为地监督项目的运作，还要求与此项目有关的人员在项目未完成期间不能请假。新项目开展后，公司里不少员工都不得不在白天工作完后，继续加班。陈哥看到员工们这样任劳任怨，就得意扬扬地说："这叫战友情谊！"

但是时间一长，就有员工开始抱怨了。

那天，负责此项目的亮亮在茶水间抱怨公司没人性，说陈哥不但不替员工考虑，还变相压榨员工。陈哥正好在茶水间外面。听到了亮亮的抱怨后，顿时怒火中烧。陈哥指着亮亮，大声呵斥道："亮亮，怎么说话呢！你拿着我给你发的工资，不干活干嘛？难道是来让你享受的吗？你爱干不干，外面很多人想进来还进不来呢！"

陈哥说的本是一时气话，谁知亮亮马上就递交了辞职书。

冷静后的陈哥想到，亮亮在此项目中有着举足轻重的作用，就有些后悔了。可惜木已成舟，怎么做也不能把亮亮留住。就这样，由于此项目中的负责人亮亮的离开，让陈哥在这个项目上付出了很大的代价。

如果陈哥懂得换位思考，懂得站在对方的角度看问题，他就不会自私地只考虑个人利益，而不顾员工的死活，进而也不会控制不住自己的情绪，与亮亮争执，造成公司重大的损失。

人们也都有这样一个重要特点，即总是站在自己的立场去思考问题。假如我们能换一个角度，总是站在他人的立场上去思考问题，最终的结果就是多了一些理解和宽容，改善和拉近了人与人之间的关系。这一切都是从换位思考做起的，宽容这一美德也来源于换位思考。

宁宁很快就要跨进婚姻的殿堂了，但让她犯愁的是与婆婆的相处！有关于婆媳之间的纷争，宁宁已经听了很多，所以在婚前与婆婆相处时千般小心。两年下来，与婆婆的相处倒也平安无事，但毕竟未嫁入家门。现在就要成为真正的媳妇了，宁宁担心自己不会处理婆媳关系，特别是婚后还要和婆婆住在一起。

宁宁跟妈妈说了自己的担心，妈妈笑道："孩子，试试换位思考的方法吧。如果遇到矛盾，就想想如果自己是婆婆，会怎么做，有什么样的心情和想法。一旦了解了，就能够明白婆婆的所有做法了。"

婚后，宁宁常常把"换位思考"这四个字记在心里。果然，日子过得平静无波，婆媳间就像母女一样，关系十分融洽。后来，在一次聊天中，宁宁才知道，原来婆婆也和自己有同样的担心，而婆婆也经常站在宁宁的角度进行思考。如此一来，两人的关系自然就越来越亲近了。

尤其在中国，婆媳问题是从古到今遗留下来的一个难题，大多数人对于处理婆媳关系的问题可是说是煞费苦心。其实，想要解决这一问题，我们不妨学学宁宁，站在对方的角度思考问题。立场的不同会产生摩擦，不及时解决就会彼此硝烟不断。这时，换位思考一下，往往会发现，问题其实可以迎刃而解。

当你在和别人沟通的过程中发生冲突时，尝试着站在对方的立场上来思考问题，就会很容易和平地解决问题。如果用强制的手段去解决问题，即使对方认错了，也很容易出现口服心不服的情况，而且还会为下一次更大的冲突埋下隐患。懂得换位思考，生活才会少一点摩擦，你也会少一点怒气。

1.要懂得观察对方的情绪

俗话说出门观天色，进门看脸色。人的情绪有很多是通过非语言方式表达的，察言观色是人们感受别人情绪的常见方法，人的喜、怒、哀、乐，常常容易挂在脸上。不注意观察别人的情绪表现，与人交往时就会遇到尴尬，有时甚至遭受难堪或者失败。

2.懂得尊重他人

我们要切实认识到：人是世界上最宝贵的，每个人的生命都是同等的、无价的，并无贵贱之分。只有基于这样的认识，我们才能从根本上体会公平的意义，才能做到尊重人，理解人，帮助人。一个连人的意义都不能正确理解的人，是做不到心胸豁达的。

3.学会多角度看问题

任何事物都是相对的，站在一个角度看是一种感觉，换一个角度感觉可能就会不相同。因此我们不要片面地看问题，尤其不能只站在自己的角度看问题，应调整好自己的参照点和观察点，多站在对方的立场观察，以便形成良好的感觉和积极的心态，得出更全面的结论。

做人要站在别人的立场上多为别人想一想，看问题也要经常换一个角度。所谓的换位思考，就是换一个角度看问题，并不是一成不变地跑直线，不要像我们平常所说的那句话：不撞南墙不回头。

拥有一颗宽容的心，快乐也会多起来

雨果曾经说："世界上最宽阔的是海洋，比海洋宽阔的是天空，比天空更宽阔的是人的胸怀。"是的，心大天地大，人的胸怀能包容万物，心怀宽广的人不会因小事而斤斤计较，心怀宽广的人会活得自在洒脱。要想生活精彩和谐，心情愉悦欢快，人们就要放宽思路，用宽视野看身边的一切人和事，落实到行动上也就是包容。

有这样一个小故事，相信很值得大家深思。古时候，在一座山的半山腰上住着一位农夫，家里没水，但是山下有一股清泉，需要出门去打水。他家有两个水罐，常年都用这两个水罐解决喝水难题。可是这两个水罐有一个是有一条裂缝的，容易漏水，行走于山路间，本来就容易洒去一部分，结果这个罐子还有个缝，所以说走到家的时候罐子的水就剩下一半了。因此，那个可怜的有裂缝的水罐总为自己的天生缺陷而感到惭愧。农夫知道后，就对它说：不要难过，在我们回家的路边开满了美丽的鲜花，难道你没有注意到这些花只长在你这边，并没有长在另一个水罐那边吗？这是因为我知道你有裂缝，就在你这边撒下了花种。每天我们从小溪边回来的时候，从你的裂缝中渗出来的水就浇灌了这些花。这山上的小路很多，却没有哪一条像我们走的这条一样，有一边开满鲜花。听到这些，这个自卑的小水罐就高兴极了，农夫的宽容让它感到非常欣慰。

这位农夫"宽容的爱"让我们很有感触。他想用自己的"偏心"帮助有裂缝的小水罐丢掉自卑，树立自信、自尊，从而使生活充满阳光和快乐。除此之外，他的这颗宽容之心也给自己带来了良好的心态，那就是积极乐观。

有时候可能很好的朋友在成为竞争对手的那一刻就会成为不断远去的陌生人。

杰斐逊在就任前夕来到白宫，此次他主要是想来表达一下自己内心的想法，希望这如此激烈的竞选不会破坏彼此之间的情感。但据说杰斐逊还来不及开口，亚当斯便咆哮起来："是你把我赶走的！是你把我赶走的！"自此之后，他们二人在多年的一段时间互不来往，直到后来杰斐逊的几个邻居去探访亚当斯，这个坚强的老人仍在诉说那件难堪的事，但接着冲口说出："我一直都喜欢杰斐逊，现在仍然喜欢他。"于是他的这句话就被邻居转达给了杰斐逊，杰斐逊紧接着告知了一个双方都认识的好朋友为他传话，告诉对方其实他一直在心里记挂着这份深厚的友谊的。后来，亚当斯回了一封信给他，两人从此开始了美国历史上最伟大的书信往来。

朋友之间难免出现误会和嫌隙，与其斤斤计较，不如学会用宽容化解这一切矛盾吧。与人相处，难免磕磕碰碰，心里不痛快也是正常的，但唯有以德报怨，唯有容人之过，才能赢得一个温馨的世界。释迦牟尼说："以恨对恨，恨永远存在；以爱对恨，恨自然消失。"

宽容别人，也是放过你自己。懂得宽容，赢得更多的情感，收获更多的好心情。因此，让我们善待身边的每个人吧，深切地理解每个人，相信自己，也相信别人，严以律己，宽以待人，放眼看世界。这样，我们一定能保持良好的心态和情绪。

时刻拥有好心情，做心怀宽广之人，幸福将会时刻陪伴在你左右。

1.克服自卑

其实，一个人的心胸狭隘有时候跟内心深处的那份自卑感有着很大的关系。这时候需要解决的主要问题就是调整自己的心态，增强自己的自信心，克服自卑心，只要你能做到这些，你的心胸就会开阔起来的。

2.要懂得包容别人的过失

在我们的生活里，出现一些摩擦是很正常的事，比如朋友之间的小打小闹，或者一些小误会等。面对这些问题，我们没必要对此耿耿于怀，要学会释然、洒脱地对待，不斤斤计较，勇于原谅别人，给他人方便，以一颗包容的心去感化别人。

3.要注重换位思考

每个人对于事情的看法都是不同的，所以当一个人和你的想法、看法，有不同的意见，或者和你有过什么争执，或者让你生气了的时候，那么就学着站在对方的角度去想，如果你是他，你又会如何。宽容一个人不难，难的是愿不愿意做到站在对方的角度看问题。

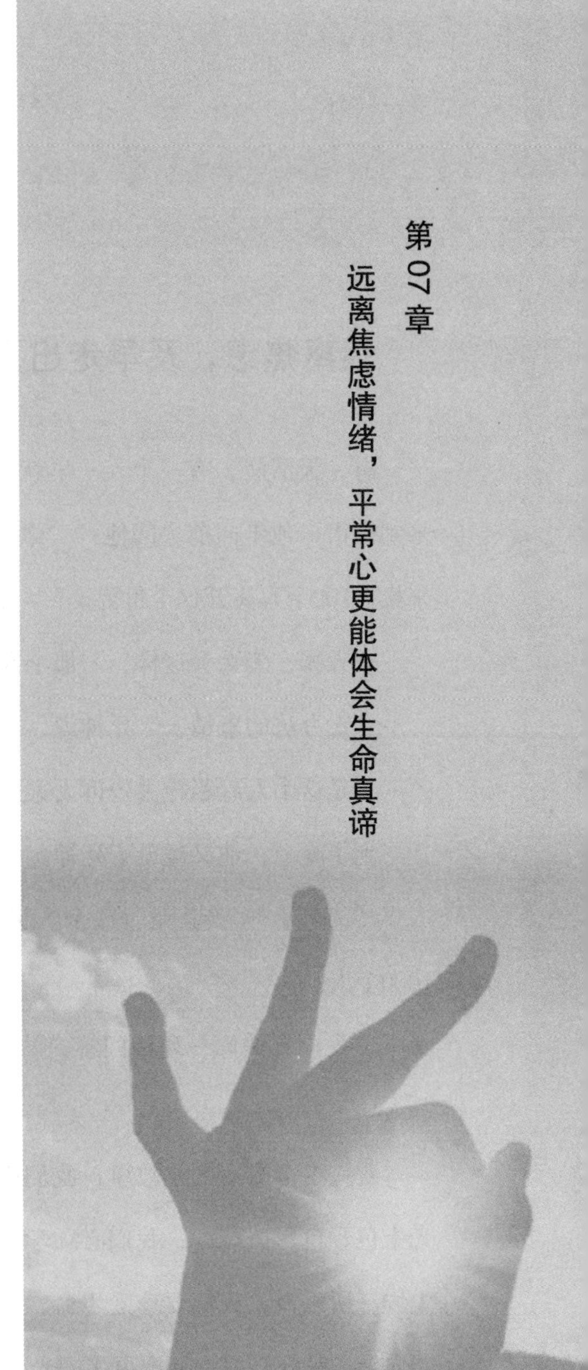

第 07 章

远离焦虑情绪，平常心更能体会生命真谛

远离焦虑，及早走出人生的雾霾

有一天清晨，有一个人一早就在小镇的街市上溜达，忽然他看到死神来到街市，他走向前去问他："你来这里干什么呢？"，死神说："我要来接走100个人离开这个世界。"

"天哪，怎么会这样！"那个人说。

"没办法的事情，"死神说，"这是我的职责。"

于是这个人赶紧跑去告诉大家这个消息。

到了晚上，他又碰见了死神。

"为什么你撒谎呢"这个人说，"你说带走100人，为什么死去了1000个人？"

"我没有骗你"死神回答，"我带走了100个人。焦虑带走了其他那些人。"

看完这个简短的小故事，我们应该明白焦虑比死神更可怕。生活是五光十色、色彩斑斓的，我们必须学会用心去经营、呵护，避免蒙受焦虑的尘埃。所以说，我们要珍爱生命，远离焦虑，及早地走出人生的雾霾，不断向上，敞开心扉去拥抱更多阳光。

沙鼠是撒哈拉沙漠中的一种常见的小动物，在旱季的时候它们会严重缺乏食物，因此囤积食物便成了它们每年为填饱肚子必须要做的一件大事。所以，在旱季之前的一段时间，它们会不断地奔跑在大地上寻找食物，日日夜夜忙得是不可开交。

让大家震惊的是，虽然它们收集的食物已经完全可以帮助它们度过饥饿期，但是它们仍是不停地寻找、囤积。似乎这样他们才能心安理得，才会踏实，否则便焦躁不安，嗷嗷叫个不停。而实际情况是，沙鼠根本用不着这样劳累和过虑。

经过研究证明，这一现象是由于沙鼠一代又一代的遗传基因所决定，是沙鼠一种出于本能的担心。老实说，沙鼠内心的担忧使它们做了严重超乎需求的努力，可以说是没什么实际意义。本来只需要囤积几公斤的食物，而它们却囤积了几十公斤的食物来安稳自己的内心。绝大多数都腐烂浪费了。曾有不少医学界的人士想用沙鼠来代替小白鼠做医学实验。因为沙鼠的个头很大，更能准确地反应出药物的特性。但所有的医生在实践中都觉得沙鼠并不好用。其问题在于沙鼠一到笼子里，就表现出一种不适的反应。它们到处在找草根，连落到笼子外边的草根他们也要想法叼进来。虽然在里面它们什么都不缺，有着充足的粮食，但是它们还是无法安下心来，最终它们慢慢地全部死去了。

其实，在这些沙鼠的潜意识里总是存在着粮草不足的想法，即便是粮草充足它们也是不踏实地整天忙碌。确切地说，他们是因为极度的焦虑而死亡，是来自一种自我威胁的心理。

焦虑，不仅影响我们的心情，让自己烦闷苦恼，严重时还会危急生命。我们要及早地走出焦虑，做一个阳光的人，一个积极乐观的人，这样人生才不会那么疲惫与不快。

对于备受焦虑烦恼的人们来说，生活可以说是非常地压抑，因此，我们要学会及早帮助自己走出这段阴雨天气，恢复健康生活状态。

1.社会适应能力很重要

生活中人们由于较大的压力和对社会的不适应容易产生焦虑心理。但是如果我们主动融入这个社会，改变一下自己的固有模式，提高自己对环境的适应性和调节能力，就会发现生活美好积极的一面。

2.睡眠充足

睡眠不足或睡眠质量不好是焦虑人群的普遍现象，长期下去如果不努力改善，将会造成很大的危害。所以我们可以选择在睡觉前洗个热水澡，让我们更好地入眠。

3. 增加自信

一些对自己没有信心的人，总是会对自己的能力产生怀疑，他们还会夸大自己失败的可能性，从而变得紧张、担忧等，长期下去易产生焦虑症。因而，我们应该要相信自己，每天让自己多点自信，焦虑的情况就会有所改善的。

别想太多，想太多会更焦虑

人会思考，思考让人的大脑充满更多的智慧。可是思考太多，想太多的话就会成为一种心理疾病。很多时候，有的人会因为别人无意间的一句话，别人的一个神态，内心就翻江倒海般纠结、怀疑、想象……把自己折腾得缺乏理性，变得愚钝，以至于疑神疑鬼。比如，你的主管交给你一个任务，后来就随意说了一句“别忘记了周二下午交给我”。但是，这时候你就开始浮想联翩了“这句话是什么意思？他不相信我吗？他以为我是不按时完成任务需要叮嘱才可以吗……”心里总是在纠结这句话是什么意思。其实，总是担心一些没有的事，从而自己变得焦虑不堪，心里乱糟糟的，这就是想太多导致的焦虑问题。

关于烦恼的来源问题也是引起了心理学家们的广泛关注，他们曾做过这样一个实验：他们安排参与实验的人们在周末将自己接下来这一周的烦忧与苦恼写在纸条上面，并写上自己的名字，然后将纸条投入“烦恼箱”。一周之后，心理学家打开了这个箱子，将所有的“烦恼”还给其所属的主人。并让志愿者们逐一核对自己的烦恼是否真的发生了。结果发现，其中90%的“烦恼”并未真正发生。紧接着，再让这些人把上周真正出现过的烦闷的事情写下来，再次放进“烦恼箱”。三周之后，心理学家再次把箱子打开，让志愿者重新核对自己写下的烦恼，这次，绝大多数人都表示，自己已经不再为三周之前的“烦恼”而烦恼了。

其实，我们何尝不是呢？生活中，总是夸大一些事情，遇到麻烦总觉得大过了天，其实只要去耐心处理，都是一些纸老虎罢了。所以，烦恼真的是自己寻来的。

罗曼还是学生的时候，就常常因为晚上睡不着觉而忧虑，她尝试了很多种办法，也咨询了医生，但依然会失眠，每天晚上都辗转反侧，难以入

睡。但是后来，罗曼发现，即使自己每晚睡很短的时间，第二天也依旧会精力充沛。于是，她开始思考是不是不再强迫自己晚上必须要和别人一样早早入睡。她开始用晚上的时间学习、读书。结果出人意料，她不但没有因为睡眠不足而精神不振，反而通过对晚上时间的利用，轻松地取得了物理学博士学位。

当人们好奇地问她长期失眠，身体是否出现什么不适的时候，她平静地回答说："我一直都很好，精力充沛，全身心地生活和工作，从来没有为此事担忧过。"

在罗曼的一生中，她的睡眠时间比正常人少很多，但是这从来没有影响过她的生活和工作，她一直活到81岁高龄。假如她整天为失眠而忧虑，那她的人生肯定不会这么长。正因为她知道自己精力充沛，不需要太多的睡眠，才能如此快乐地生活。

没有的事情你非要去想，未知的事情你非要提前去担忧，这不是作茧自缚、自我折磨吗？想得太多，心里堆积的事情太多，那么久而久之你就会变得焦虑烦躁，身心也会受到极大的影响。所以说，不要想那些有的没的，给自己徒增烦恼了。快乐是自己创造的，烦恼也是自己找来的，过好当下的生活，尽力把自己的每天都过得充实，每一件事都努力做得更好，那就足矣。

我们每天忙碌自己的生活中的事已经够累了，如果还要想些乱七八糟的，那还怎么休息呢？所以说，别太敏感，放轻松吧。

1.认真对待生活

人活一世，一定要开心，如果连开心都没有，那么人生又有何意义

呢？很多人总是抱怨生活不易，其实我们应该明白我们当下拥有的却是很多人所羡慕的。但是快乐地生活着，并不是每个人都能成功的。只要你努力对待每件事情，对生活认真一点，只要你认真对待每一天，不管你的人生怎么样，我相信都是精彩的。加油吧！

2.倾诉与发泄

如果一直压抑着自己，会对自己的身心健康造成很大的影响，因此要懂得倾诉和发泄情绪。可以是朋友，也可以是亲人，我们要从他们那里寻求看法，以疏散郁闷情绪。还可以自我放松，多参加休闲运动。另外，积极参加集体活动，搞好人际关系，你会发觉你的每一天都是快乐的。

3.转移注意力

不开心，那就试着把自己的情绪转移到其他地方，让自己学会忘记吧。比如，看着一朵花、一点烛光或任何一件柔和美好的东西，细心观察它的细微之处。点燃一些香料，微微吸它散发的芳香。慢慢地，自己就会归于平静心态。

坚持做自己，你无法使所有人都满意

正如一位名人所说的，一千个人眼中就有一千个哈姆雷特，我们要说，一千个人眼中，就有一千个世界的模样。毋庸置疑，每个人都是这个世界上独一无二的个体，每个人在面对世界时，必然从自身的主观角度出发，以自身的各种观点以及经历经验作为基础，从而试图了解和深入世

界，以及所接触的人和经历的事情。

每个人都生活在群体之中，难免要与形形色色的人打交道，我们除了竭尽所能地了解这个世界之外，还会向世界展示自己。那么，我们是否能够得到所有人的认可和尊重，从而使我们自身变得更加从容不迫呢？答案当然是否定的。当然，这并非因为我们不够优秀和完美，而是因为这个世界上绝对没有人能够让所有人都感到满意。所以，与其绞尽脑汁想要迎合他人，我们不如做好最真实的自己，坚持自己的原则和底线，以自己的真实面目对待他人。否则，我们因为他人不满意就轻易改变，最终只会使我们变得四不像，不但失去了自己的本来面目，而且依旧无法消除他人对我们的意见。既然我们注定无法使所有人感到满意，那么我们唯一能做的就是做自己，不管面对什么人什么事情，只要我们自身问心无愧，我们就无愧于他人。

这与以不变应万变的策略很像，也与以静制动非常像。实际上，就是要求我们保持内心的宁静，坚持做自己。

很久以前，有位大名鼎鼎的画家觉得自己的发展遭到瓶颈，因而突发奇想，决定画一幅画到集市上展示，让人们为他提出宝贵的意见。

他把自己得意的画作拿到集市上，放在架子上摆放好，而且留言让所有对这幅画有意见的人，都可以把自己的不满之处在画上标注出来。原本，这位画家对自己充满自信，觉得人们对于他的得意之作一定无可挑剔。等到傍晚时分，他来到集市上，却惊讶地发现他的画作被人画满了圈圈点点，由此不难看出，他几乎每一笔都没有得到他人的认可。

画家带着画作沮丧地回到家里，妻子见状问他：“你怎么了，为何

这么难过呢？”画家把画作展示给妻子看，妻子笑着说：“原来，你是因为被提意见才感到伤心啊。这很正常啊，因为正是你要求大家标出不满意之处的。”随后，画家在妻子的建议下又画了一幅画，这次妻子亲自把画摆放到集市上，并且在画作旁边写明要求大家标注出这幅画值得赞美的地方。当天下午，画家又去集市上取回自己的画，这次他依然很惊讶，因为曾经被圈圈点点的没有一处可取的这幅画，如今居然被大家密密麻麻地圈起来了。当然，这次圈圈点点出来的，全都是画作的可取之处。思来想去，画家恍然大悟：不管我多么努力，画作多么完美，我都不可能因为这些画作，得到所有人的认可；同样的道理，就算有再多的人批评和反驳我，也依然有人认可和赞美我。

的确，一个人不管多么努力，都不可能面面俱到。尤其是对于变幻莫测的人心，一个人更不可能得到所有人的认可。在这种情况下，我们与其盲目地改变自己，奉承他人，不如从现在开始就学会从容不迫地做好自己，唯有如此，我们才能心境坦然，顺其自然。

（1）你不能让每个人都感到满意，因为每个人都是截然不同的个体，有些时候，人们的喜好是完全不同的，这就像是吃东西一样，有人喜欢甜的，有人偏偏喜欢咸的，是同样的道理。

（2）任何情况下，我们都无法阻止别人说什么或者做什么，既然如此，我们只需要管好自己说什么做什么就好了。

（3）每个人都是世界上独一无二的个体，我们唯有做好自己，才能成为真实的、与众不同的自己，也活出属于自己的精彩。

有了瑕疵和缺憾，人生才变得真实生动

人生之中，每个人都有梦想，梦想着十全十美，也梦想着人生完美无瑕。然而，即便是一块小小的玉，也会有瑕疵，更何况是漫长的人生呢。这个世界上没有绝对的完美，任何情况下，人生都是有瑕疵的，甚至是巨大的缺憾。难道人生因此就不美丽了吗？当然不是。人生不会因此变得不美丽，而是会因此变得更加动人。只要我们对人生常怀感恩之心，人生就不会辜负我们；只要我们始终对人生心怀希望，人生就不会彻底绝望。

每个人在生活中都有着太多的失意，不管什么时候，我们都不能因为失意变得消极低沉。归根结底，人生不如意十之八九，我们唯有坦然面对和接受人生的失意，才能更加从容应对人生。面对人生的瑕疵，与其排斥和抗拒，徒增烦恼，不如坦然接受。就像很多人都有缺点，在所爱的人眼中就变成了可爱的缺点，但是在不爱的人眼中，却是使人嫌恶的。从这个角度而言，我们也应该欣赏生命中的瑕疵，让它们在我们眼前，变得更加可爱和美丽起来。

毋庸置疑，人生是没有后悔药的。有的瑕疵是天生存在的，有些瑕疵则是后天导致的。在这种情况下，我们与其为了瑕疵耿耿于怀，不如奋发向上，努力提升和完善自己，从而使自己更积极主动地面对人生。每个人的人生都只有三天，昨天、今天和明天。但是对于每个人而言，真正能够把握的只有今天。在如同流水一般的时光中，我们唯有把握好今天，才能把今天攥在手心里，也才能更好地把握明天。

朋友们，不要因为失去的东西而懊丧。人生之中，得失是很正常的。

我们唯有内心坦然从容，才能让一切变得更加美好。当然，过好这个人生是需要智慧的。唯有拥有充足的智慧，面对人生的坎坷挫折时，我们才能不断进取，奋发向上。

曾经，有对老夫妻为了孩子，凑合着过了二十多年。直到退休之后，他们突然决定离婚，因为孩子都已经长大了，各自成立家庭，所以他们决定离婚，各过各的，从而让人生末年也能享受自由自在的生活。

看着老夫妻的模样，律师在为他们办理完协议离婚的手续后，劝说他们可以一起吃顿饭。饭菜刚刚上桌，老头就赶紧夹起鱼头，放到老太太碗里。老太太当即有些生气地说："你为什么就认定我喜欢吃鱼头啊，难道我不能吃鱼肉吗？你总是这样，二十多年来从未改变。"看着老太太，老头的眼睛突然红了，说："老伴啊，难道你不喜欢吃鱼头吗？这么多年来，我最喜欢吃鱼头，但是我已经二十几年没有吃过鱼头啦。我总觉得鱼头有营养，每次都把它夹给你吃。这样吧，你要不吃，就给我，让我也解解馋。"说完，老头把鱼头从老太太碗里夹回自己碗里，开始津津有味地吃起来。老太太看着老头津津有味地吃着鱼头，不由得眼圈红了，原来，老头真的是很喜欢吃鱼头啊。

毫无疑问，老头和老太太过了一辈子，生活是有瑕疵的。老太太经常吃着自己不喜欢的鱼头，老头却在一旁馋得要命。不得不说，这就是爱啊，是一种带着误解和委屈的爱，也是一种刻骨铭心的爱。

这样沉甸甸的爱，道出了夫妻相处几十年的真谛，也证实了他们的爱始终未曾远离。也许等到暮年时，他们再回忆起这曾经的误解，依然会觉得心里暖暖的，依然会有爱的清泉从心底里流出。

人生怎么可能没有瑕疵呢，正像绝对完美的东西总是给人留下不真实的感受一样，绝对完美的人生，也总是使人感受到些许遗憾。反而是因为有了瑕疵和缺憾的存在，人生才变得更加真实生动、活泼美好，也才变得使人无限留恋。

少点欲求，就会少一分焦虑

“贪者，恶之大也”“祸莫大于不知足”“非智之不足，非技之不胜，利令智昏，贪婪之心，才是天下祸机之所伏”。贪婪是人性的一大弱点。一般而言，贪婪心理的形成主要是由于错误的价值观念：社会是为自己而存在，天下之物皆为自己所有。这种人存在极端的个人主义思想，永远不会满足。他们得陇望蜀，有了票子想房子，有了房子想位子，从不会满足。于是，他们陷入无止境的欲求之中，一旦自己的欲求满足不了，就开始产生焦虑情绪，有何快乐可言？

不管你是在温室中成长，还是在困苦中挣扎，欲望都会存在于你的心中。欲望可以成为我们的信念，支撑我们渡过难关，但是欲望也像鸦片，容易上瘾。皮埃尔·布尔古说过：“人们常常听到这样一句话：‘是欲望毁了他。’然而，这往往是错误的。并不是欲望毁了人，而是无能、懒惰，或糊涂。”

有这样一个故事：

从前，一家兄弟三人。老大脑子不灵光，四十好几的人，还是光棍儿一条，整日里破衣烂衫，连一身像样的衣服都没有。有人问他：“你最大的心愿是什么？”他情不自禁地脱口而出：“要随我心，天天新衣。”

老二有个小康之家，衣食不缺，只是长相太丑，找了一个比他还难看的女人为妻。当问到他的心愿时，他迫不及待地说：“要随我心，天天娶亲。”

老三由于经营有方，再加上天资聪慧和好运连连，是远近闻名的富豪。当人们问他有什么心愿时，他毫不顾忌地说：“要随我心，挖一窨金。”

这只是个故事，但从中可以看出人的贪婪之心。“人心不足蛇吞象”，多么贴切的比喻。贪婪之心就像是一个恶魔，一旦附身，就会让人难以善终。仔细再想，其实我们又何尝不是如此呢？读过这个故事，我们都应该好好地反思一下：我们怎样才能摆脱贪婪之心呢？

1.警示自己

我们可以用前人的正反事例来警示自己。现实中的许多人，因为贪婪，以致身败名裂，留下千古骂名，到头来后悔莫及。我们应以前人的事例时刻警示自己，消除贪婪心理。

2.自我反思法

你可以拿出一张纸，然后在纸上连续20次用笔回答“我喜欢……”这个问题。回答时应不假思索，一口气回答完，限时20秒钟，全部写完后，逐一分析哪些欲望是合理的，哪些是过分的，这样就能明确贪婪的对象与范围，对造成贪婪心理的原因及其危害，自己做较深层的分析。

3.常保知足之心

人们常说知足常乐。“知足”，就不会心生邪念，而“常乐”也就能保持心理平衡了。

我们都是平凡的人，并不能真正做到摒弃功利，甚至连哲学家似乎也极不愿意摒弃人性的这一弱点。对功名的追求有积极的一面，但过于执着于此、孳衍成无限膨胀的欲望，则会使人性扭曲。我们若想获得快乐，就要学会少要求一点，只要经常修剪自己的欲望，少点欲求，就会少一分焦虑！

第08章

远离悲伤情绪，做快乐坚强的自己

不要让悲伤长时间积压在心底

人生充满了各种意外，有酸就有甜，有苦就有辣，我们不可能事事顺心，也不可能长期不顺，所以，我们应该正视自己的生活，用良好的心态、积极的情绪面对一切。悲伤的事情，该忘记就忘记吧，你不可能一直活在过去，敢于面对未来才是你需要做的。

台湾作家三毛小时候是个勇敢又活泼的女孩，喜欢体育运动，特别擅长语文。有一次甚至跑到老师那里，批评语文课本编得太浅太烂。

12岁时，三毛以优异的成绩考取了台北最好的女子中学。但三毛的数学成绩实在很糟糕，考试常常不及格。然而好强的三毛发现了一个窍门。原来，数学考试的考题都是从课本后面的习题中选出来的，于是三毛每次临考，都凭自己的记忆优势把课后习题背得滚瓜烂熟，如此一连几次她都考了满分。对此老师开始怀疑，特意在某一天把她单独叫到办公室让她临时做一张考卷，结果三毛答了零分。这位数学老师在全班面前羞辱了三毛，用毛笔在她眼眶四周涂了两个圆圈。此情此景令全班同学哄笑不止。老师并没有罢休，又命令三毛到教室外面，在大楼的走廊里走一圈。她不敢违背，只好走完了漫长的一圈。

事后，三毛对这件丢脸的事情无法忘怀，心理上一直都未曾调整过来，渐渐地她开始逃学、厌学，直至休学在家。甚至姐姐弟弟在餐桌上谈论学校的事情也让她痛苦，结果连吃饭她都躲在自己的小屋里，不肯出来见人，就这样有了自闭的倾向。

或许因为性格的原因，三毛一直期待一份美丽的爱情，遗憾的是，三毛连续遭受了多次感情创伤，初恋男友与其分手，她曾割腕自杀，幸好被救了回来；第二段感情又被一有妇之夫欺骗；当她终于与荷西开始幸福生活的时候，荷西却又因潜水意外丧生，三毛痛苦地说：“他等了我6年，爱恋了我12年，诀别时没有跟我说一声再见。我所有的感情都随荷西而去。”

幼年的一些伤痛，情感上的多次受挫以及身体健康状况不佳影响着饱经风霜的三毛，虽然有相对成熟的心态来暂时承受这一切，可是三毛终究还是不堪重负选择了以死来进行自我解脱。

1991年，三毛在台北自杀身亡了，永远地离开了这个世界。不能确切地说儿时的这段不快的经历，痛苦的感情经历，与她最终放弃了生命有必然的关系，但多少也会有所影响。

厄运是暂时的，过去的就让它过去。只有忘记悲伤的事，才能够真正生活得轻松；走出悲伤的阴影，你才能重见光明。可见，忘记是人生的一种大智慧，朋友们，一定要学会及时清洗自己的心灵，千万不要让悲伤长时间积压在心底，也不要让人生因为悲伤而迷了路。

生活如果只是有快乐，没有悲伤，那没有对比，你也就感觉不到快乐的幸福感在哪里了。正因为有悲伤，生活才更为充实、多彩。所以说，不要刻意对待让你悲伤的事情，也不要斤斤计较，经历了，就忽视吧、忘记吧，多想想开心的，让生活更快乐。

1.不要事事放在心上

有时，一些人喜欢计较小事，对事对人太认真、太聪明、太苛刻了，实际上这些事情并不一定很重要，而且，这个世界上有许多事情是无法去计较的。一切算得明明白白，只会像红楼梦里的王熙凤，“机关算尽，太聪明，反误了卿卿性命”。

2.宠辱不惊，拥有好心态

宠辱不惊，是一种处世智慧，更是一门生活艺术。人生在世，生活中有褒有贬，有毁有誉，这是人生的寻常际遇，不足为奇。古往今来无数事实证明，但凡事有所成、业有所就者无不具有“宠辱不惊”这种极宝贵的品格。荣也自然，辱也自在，一往无前，否极泰来。

3.敢于改变自己

我们改变不了环境，但我们可以改变自己；我们改变不了事实，但我们可以改变自己的态度；我们不能延伸生命的长度，但我们可以决定生命的宽度，让“心灵做一次旅行”，诠释自然，感悟人生，理解生命，改变自己的心情，展现笑容……

其实，昨天并不能代表什么，不管昨天发生了多么不幸的事情，也不管是遇到了多大的挫折，但那都只能代表过去，既不能代表现在，更不能决定将来。诗人雪莱说：“过去属于死神，未来属于自己。”昨天失败了不要紧，总结失败的教训，继续新的征程才最要紧。

坚持下去，悲伤迟早会烟消云散的

曾经有位哲人说过，生活与生命的意义，并不在于你要经受多少折磨，也不在于你已经经受过多少折磨，而在于坚持不懈：经受挫折和磨炼是射击，瞄准成功的机会也是射击，但是只有经历了99颗子弹的铺垫，才会有一枪击中靶心的结果，这就是等待的结果。

凯撒大帝是罗马共和国末期杰出的军事统帅和政治家。一次，他的军队在与敌人作战过程中，由于种种原因，损失十分惨重，因此军中士气非常低落。

当天晚上，凯撒大帝因为此事焦虑万分，他苦苦思考失败的原因和将来应对敌人的策略，因此休息得很晚。然而，那晚他却做了一个颇有意味的梦。在梦里，他遇见了一位智慧老人，智慧老人对他的情境十分了解，还给他讲了不少安慰的话，其中最关键的是一句至理名言。这句名言意义深刻，蕴涵了人类克服所有困难的智慧。智慧老人告诉他，这句至理名言可以使任何一个人战胜任何困难，使他能面对挫折百折不挠，挽救败局，最终走出失败的困境。

得到名言，凯撒大帝十分高兴，可是他醒来之后，怎么也想不起那句至理名言。最终他只好招来所有的谋士，对他们讲述了一遍自己做的梦，希望他们能把那句至理名言想出来。另外，他还拿出自己的佩剑，对众谋士说："你们如果想出那句至理名言，就把它镌刻在我随身携带的这把剑上，我要用它来激励自己，征服整个世界。"

两天以后，几位谋士兴冲冲地给凯撒大帝送来佩剑，这时凯撒大帝看到，剑身已经刻上了一句勉励人战胜失败、走出逆境的至理名言：“一切都会过去！”

朋友们，烦躁的情绪谁都会有，想放弃的想法也一样。但是这些焦虑以及悲伤的情绪对我们来说并没有什么好处，如果你总是沉浸其中，那你没什么成功可言。一切都会过去的，只要你勇于坚持。坚持，是战胜一切的强大力量，如果你用心坚持下去，那些伤心的、失望的、暴躁的事情都会烟消云散的。

我们都知道这样一句话：“坚持就是胜利”。面对挫折轻易放弃，不仅让你的精力投入付诸东流，久而久之，你也会产生这样一种心态：面前的就是困难的，困难是我无法克服的。长此以往，你不敢面对任何问题，心理素质越来越差。所以说，想要保持积极向上的情绪，请一定不要在困难面前颓废，学会坚持，用实力去解决问题。

坚持，说容易也容易，说难也难，这就要看你怎么对待了。世间的道理大多相同，一个人要想获得成功，万不可处处投机取巧，因为事事皆需努力，踏实的脚印才能走得更坚定，才可能实现人生的飞跃，获得人生的辉煌。

懂得坚持，才不会产生自暴自弃的坏脾气，懂得坚持才会修炼自己的好品格。

1.放弃时，想想之前的付出

当你不想坚持时，可曾想过流过的汗水、过往的血水？这一切的积累就都舍弃了？但你的积累足够了吗？你的准备到位了吗？量变才能产生质变，如果你准备了很多，积累了很久，还没有发生你所期待的变化时，切勿放弃，能否再多准备一些，再多积累一点呢？

2.学会忍耐，在生活中历练自己

无论我们现在是一个默默无闻的小职员，还是一个不甘于当下环境的“三分钟”工作者，如果想真正改变自己，那我们就必须学会暂时忍耐，忍耐环境对我们的磨炼和考验。既然选择了，就不要轻易放弃，否则我们将永远一事无成。到时候，你的一事无成会让你颓废不堪，你的心情也会越来越差。

3.培养做事习惯，坚持有始有终

许多人有一种把工作做一会儿，就放在一边的习惯。而且他们充分相信，他们似乎已经完成了什么。事实果真如此吗？你这样做，犹如足球运动员在临门一脚的刹那收回了脚，前功尽弃，白白浪费力气。

一个能够经受住磨难的人，定会成为一名强者。困境不能完全成就一个人，但有所成就的人定是在困境中走到最后的人。朋友们，你还想中途终止你的梦想吗？请坚持下去吧，要记住，身体和灵魂一定要在路上前行。

痛苦和失败中凝聚了使你成功的经验

生活中，你是否遭遇过失败？你是否意志消沉过？你是否奋力一击过，但最终还是彻底失败？你的健康是否出现过问题？其实，你不要害怕，即使遇到这些情况也不能阻挡你达成最后的目标。其实，失败是我们在通往胜利路途上的一小部分而已。伟大的成功通常是在无数次痛苦失败之后得到的。大剧作家萧伯纳曾经写道：“成功是经过许多次的大错之后得到的。”

曾经有两个年轻人失业了，他们去拜访拿破仑·希尔，想询问他如何才能变得积极起来。拿破仑·希尔说：“记得刚开始时，我供职于一家信息报道公司，这家公司的待遇并不好，不过我已经很满足了。后来，公司因为业绩不怎么样，不得不裁员，像我这样对公司毫无用处的人自然就在裁员之列了。果然，不久后，我就收到了公司的裁员通知。刚开始，我真是万念俱灰，我失业了，我该怎么接受。但很快，我冷静下来，我发现，离开这个工作岗位是有好处的，因为我不喜欢这份工作，也不会有什么大作为，我只有离开这儿，才能有找个好工作的机会。果然不久我便找到一个更称心的工作，而且待遇也比以前好。我因此发现被辞退这件事，确实是件好事。”

拿破仑·希尔总结，把失败转变为成功，往往只需要一个想法紧跟以一个行动。我们发现，那些成功者都是勇敢的、理智的，即使遇到失利，他们也不会退缩，而是能化悲痛为力量，把失利当成提升自己的一次机会。他们这样勉励自己：“我要振作精神，跟命运搏斗；我要把痛苦化为力量，设法有所建树。”实际上，在失利面前，我们不得不停下来好好想想，歇歇脚步。失利正好给了我们反省的机会，这更利于我们看到自己的不足。

一朝一夕就成功是不可能的。每一个奋发向上的人在成功之前都曾经历无数次的失败。我们需试验、耐心和坚持，才能汲取经验，取得成功。而化失败为动力的方法是：

（1）仔细分析现状，找到自己的问题，不要怪罪任何人。

（2）给自己重新制订一份计划，这份计划须要考虑到前一次失败的原因。

（3）不妨去想象一下自己获得成功后的欢愉场景。

（4）收起那些曾经让你不快的记忆，它们现在已经变成你未来成功的肥料了。

（5）重新出发。

你可能需再三施行这五个步骤，然后才能如愿达到目标。重要的是每尝试一次，你就能增加一次收获，并向目标更进一步。

在我们追求成功、实现人生理想的征途上，无论遇到什么情况，都不要自己打败自己，凡事都往积极的一面看，这样就能顺利克服失败的打击。如果能培养出观察入微的眼光，就会看到事物往好的方向发展的一面。

学会释怀，不要沉溺于沮丧的情绪里

“假如生活欺骗了你，
不要悲伤，不要心急！
忧郁的日子里须要镇静：
相信吧，快乐的日子将会来临！
心儿永远向往着未来；
现在却常是忧郁。
一切都是瞬息，一切都将会过去；
而那过去了的，就会成为亲切的怀恋。”

这首小诗让我们要相信，不管经历多大的风雨，悲伤和难过终究会过去的。我们只有保持一颗乐观的心，希望才一直都在，才能看到雨后彩虹的绚烂，体会到重重磨难之后的人生幸福。

生活中有许多痛苦、挫折、恩怨，这些伤痕总在一点一点地侵蚀我们的灵魂，只有我们学会释怀，只有我们坚信一切都会过去，这些心灵的重担才会被渐渐冲淡，我们才能拥有更多的快乐和幸福。同时，只有遗忘过去的伤痛，才能全神贯注地迎接新的挑战。

当你身处逆境、面临挫折时，唯有时间和坚定的信心可以拯救你，而时间是最好的药，一切都会随着时间的流逝而消失，无论你悲观失望还是春风得意，无论你平凡还是伟大，无论你贫穷还是富有，这一切都会过去！当不幸来临时，我们总是感觉天快塌下来，当事过境迁，又会感觉不过是小事一桩，不足挂齿。所以，在身陷困境时，不要自怨自艾，不要沉溺于沮丧的情绪里，更不要因此失去自己前进的方向。

说起克里斯托弗·里夫因可能很多人极为熟悉，也可能有一些人对这个名字感到陌生，但是当我们提及电影《超人》中的超人时相信大家就非常激动了，因为饰演超人一角而广为人知的他却在成名之后的没多久，由于一场车祸遭遇了极大的打击。

1995年5月27日，里夫在弗吉尼亚一场马术比赛中发生了意外事故。他骑的那匹东方纯种马在第三次试图跳过栏杆时，突然收住马蹄，里夫来不及防备，就从马背上向前飞了出去，以致头部着地，第一第二颈椎全部折断。

当他五天之后清醒的时候，他才发现自己正躺在医院里，从脚到腿高位瘫痪。医生说里夫的颅骨和颈椎要动手术才能重新连接到一起，而医生不能够确保里夫能活着离开手术室。

那是一段人生的灰暗期，他感觉到生活已经没什么可期盼的了，变得压抑而又绝望，更可怕的是他产生了以死解脱的想法。随着手术日期的临近，里夫变得越来越害怕。

有一天，他的儿子感到好奇，就问妈妈：“妈妈，爸爸的膀子动不了吗？”

“是的。”妈妈答道。

“爸爸的腿也不能动了吗？”儿子又问。

“是的，是这样的。”

儿子听到这些感到很难过，可是突然他又变得很快乐似的，说：“但是爸爸还能笑呢。”

这一句“爸爸还能笑呢。”深深地触动了里夫，此刻的他重新看到了生命的曙光，重新找回了生存的勇气和希望。

随后里夫很坦然地接受了手术，并且手术也取得了很大的成功，虽然他腰部以下还是没有知觉，可是他却战胜了自己，克服了巨大的恐惧与痛苦并勇敢地活了下来。

后来，他重新找到了生活的希望，不仅亲自导演了一部影片，还出资建立了里夫基金会，为医疗保险事业作出了贡献。里夫坚信他会在50岁之前重新站立起来，他要做一个真正的“超人”。

克里斯托弗·里夫在自传里，郑重地记下了儿子的那句话：“爸爸还能笑呢。”

是的，没有什么过不去的坎，只有不断地经历、承受、强大，才能把自己变成一个真正的“超人”。一切都会过去的，包括苦难与挫折，经历这些之后，只要你用心去奋斗过、坚持过、呐喊过……当你回头去看看走过的路时，你会报以舒心的微笑。

欢乐是人生的驿站，挫折是人生的旅程。只要坚持到底就一定会有收获，因为一切都会过去。

1.敢于接受现实

既然来临了，那就面对吧，因为接受现实是唯一能做的，也是必须做的，逃避是什么也解决不了的。虽然现实是残酷的，但是只要你扛过去最艰难的时期，那么你的抗压能力就会越来越强，如此，你才不会因那些突如其来的痛苦陷入绝望。

2.相信自己

相信自己一定能做到，相信悲伤终会过去。得肯定自我才能拥有平静的心态，因为知道自己能够经受什么、如何克服困难，一切虽然有混乱，却还在掌握之中，这是对生命的强大自信，有这种自信的人，在任何时候都不会失态，他们牢牢地把握着自己的人生。

3.乐观豁达

没有一帆风顺的人生，没有平平坦坦的道路，未知的痛苦就是要考验你生活的能力。要知道每个人都会经历痛苦，也要相信痛苦之后还会有欢乐。万事万物都有两面性，看得开的人才能过得好。达观，让人能在痛苦中忍耐，在幸福中自省，时刻保持清醒和积极。

第 09 章

丢掉自负情绪，过度自满会让你输得很惨

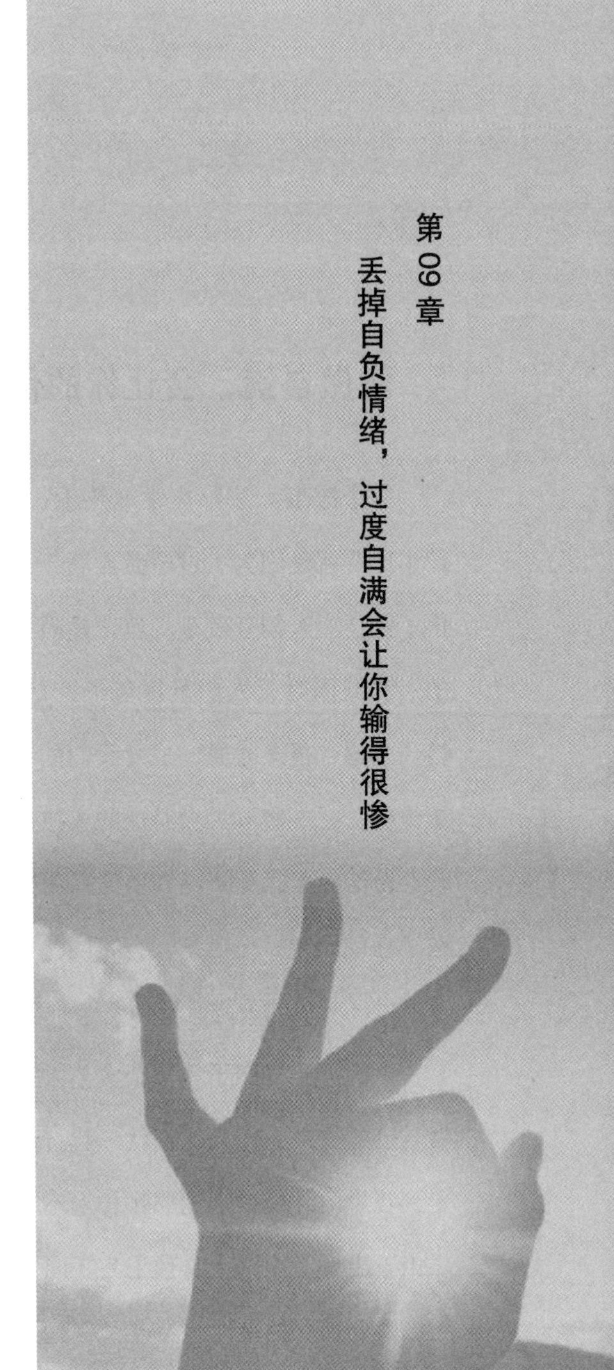

骄傲自满，会让你的优势变成隐患

有个故事大家都非常地熟悉，那就是“龟兔赛跑”。兔子之所以输掉了比赛就是因为太过骄傲自满，小乌龟却知道勤能补拙的道理，最终赢得了比赛。人们夸赞小乌龟，是因为它赢在自己的劣势上，这是难能可贵的；与此同时，人们批评兔子，是因为它败在自己的优势上，这让人惋惜。是的，很多时候，战胜我们的不是强大的竞争对手，而是自己的“传统优势”。一些不大会游泳的人往往淹不死，而淹死的人却多半是一些比较会游泳的人；兔子不知要比乌龟跑得快几十倍，没想到比赛跑时反而败在了乌龟面前……可见，有时候，如果骄傲自满，优势就会使我们变得忘乎所以，与成功失之交臂。

一次，一只猴子和一个卖艺人是一对冤家，他们有一天想要征服对方做自己的奴隶，于是他们就一起打了一个赌，看看谁先能从前面的这座山走到花果山，最后吃到那颗长生不老的蟠桃。第二天，猴子和卖艺人同时从山下出发。一路上，猴子为了向卖艺人炫耀自己的本领，一会儿从这棵树上跳到那棵树上，一会儿又在地上不停地翻着跟斗。卖艺人见了，羡慕

地说：“猴子啊，你真的太厉害了，我好佩服你啊，哎呀，你的技术那么娴熟，看来我输定了。”诸如这样的话，卖艺人一连对猴子说了十九天。猴子每次听了卖艺人的夸奖后，总是得意洋洋地想：“你这个笨蛋，既不会爬树，又不会翻跟斗，怎么会走得比我快呢？要知道，翻山越岭可是我的强项啊，你就等着做我的奴隶吧！”第二十天，猴子还是在欣赏自己的技艺，它欢快地跳来跳去，可是突然想起卖艺人没有夸赞它，便想：卖艺人可能是害怕了，他知道比不过自己，只好逃走了吧。于是，猴子一个跟斗接一个跟斗地翻到了花果山。可是它呆住了，它不敢相信自己，原来卖艺人已先到了，他正高兴地吃着蟠桃呢！“这怎么可能？你既不会爬树，又不会翻跟斗，怎么可能比我先到呢？”猴子不解地问。“是的，因为我什么都不会，所以当你在表演的时候，我就在拼命地赶路，哈哈！”卖艺人说完，敲了一下手中的铜锣，说：“从现在开始，你就是我的奴隶了。走，跟我卖艺去！”

猴子的结局与龟兔赛跑中的兔子又何尝不一样呢？优势能给你带来更大的便利，能让你的成功之路更为平坦，可是，稍有不慎，骄傲自大，那么优势就成为了你潜在的一大隐患。

类似的故事其实很多，故事简单，我们可能会嘲笑故事里的角色，其实生活中我们何尝不是也做过类似的事情呢，我们每一个人都要从故事中得到启发。

章鱼是一种营养比较丰富的海鲜食品，而且也是一种相当珍贵的营养品，所以很多人喜欢捕食章鱼。然而，章鱼是海洋里的一霸，残忍好斗，并不是那么轻易就能被人所捕的。早前的时候，人们捕食章鱼可以说是非常地艰难。但是随后章鱼的诡计逐渐被渔民发现，它很善于隐藏，它喜欢将自己的身体塞进海螺壳躲起来，等到鱼虾走近时，它会突然变成一个庞然大物，向鱼虾发起猛烈进攻。它是没有脊椎的，身体特别软，所以它能把自己塞到特小的空间里。这个秘密被发现之后，渔民就想出了轻松搞定它们的方法。渔民们把一个个小瓶子用绳子串在一起沉入海底，章鱼见到了这些晶莹剔透、光滑可爱的小瓶子，好像见到了护身符一般，都争先恐后地往里钻，不管是多么狭小的空间，它们总是用尽全力地去钻。因此，渔民们轻而易举地就捕获了一条条章鱼。

本是力大无比的海洋一霸，为什么却这样被人轻易地捕获？细细思之，章鱼的悲哀在于不是败在自己的短处上，而是败在自己的优势上，正是因为这身体柔软无孔不入的优点，葬送了生命。

人生在世，谁没个磕磕绊绊，关键的是爬起来之后，想想以后的路该怎么去走。自信是好事，但是得意忘形却容易让你跌进自负的漩涡。如果我们真的遇到这种情况，被优势羁绊，那么我们应该清醒，收收心，理智对待优势。一定不能目中无人，要知道天外有天、人外有人，要不停地进取，千万不要把精力花费在炫耀自己的优势上。

保持空杯心态，是走向成功的第一步

把水全部倒光后，才能吸收更多的东西，不要想着自己知道什么，记着想自己其实什么也不知道。每一个人要想应对时代和环境的变化，必须随需应变。而以变应变，就要求我们具有空杯心态。

王琳在生孩子之前是一家中型企业的销售经理，无论做起什么事情来都是风风火火的。但是再能干的女人都免不了一个休整期，王琳在婚后的第六个年头终于迎来了她生命中最重要的一个男人，那就是她的儿子豪豪。对于这个好不容易才得来的宝宝，王琳简直是捧在手心怕摔着、含在嘴里怕化了，为了给宝宝一个更好的成长环境，王琳决定在孩子三岁之前全心全意照顾他，等到孩子进了幼儿园再去工作。

三年的时间转瞬即过，宝宝很快进了幼儿园，赋闲在家整整三年的王琳也终于有机会重返职场了。于是在筹划好一切之后，王琳重新投入职场，因为三年的时间不曾工作，所以王琳很自觉地降低了对职位的要求，很快，她就成了一名大型合资企业的销售员工。

赋闲在家的时候，王琳曾无数次设想过自己重返职场之后的情景，她一定要保证工作效率，及时为自己充电，并尽可能快地重新建立自己的人脉……但是现实生活往往并不遂人愿，王琳很快发现，尽管她三年前和三年后的工作都是销售，但是工作的流程却有相当大的差别。在新的工作环境中，王琳之前做销售积累的经验几乎完全用不上！她愿意学习，但是这一切从零开始的状态让她实在有些难以接受。上班一个星期，王琳觉得自己几乎成了一名抑郁症患者，她觉得自己现在的状态和一个新人没有什么两样。为了排解压力和郁闷，王琳在一次闺蜜聚会中说出了自己的困惑。

“为什么不用空杯心态去融入职场呢？”闺蜜说，“反正你现在的职位也只是一名普通的销售员，既然如此，那就把自己当做一名新人，忘记过去的成绩，也忘记过去的习惯，一切从零开始吧！”

王琳听完闺密的劝告，回到家仔细思索了一下，重新为自己做了定位，在工作的时候把自己当做一名没有经验、不断学习的员工，然后努力适应新环境，融入新的团队，结果没过多久她就发现自己所处的环境有了变化。习惯了新的工作方式之后，王琳也发觉了新方式的确有老方式所没有的优点。而且当她真正把自己放空，消除掉过去僵化的思维模式和工作方法时，新的工作也变得顺利起来。

世界上最愚蠢的事都是最聪明的人干的，笨蛋也干不了最愚蠢的事。骄傲、张扬给人以攻击性，会让周边人有本能的防御心理。不论在什么环境下，都要有空杯心态，抱着谦逊的姿态，多请教，多学习，这样才能有所提高，有所进步。

要做到空杯心态，并不那么简单，因为正常人都会骄傲自大，都会虚荣。假如你能真正达到空杯的境界，那你的未来真的是充满无限光明。因为保持空杯心态，可以让我们能够正确认识自己和世界，并与阻碍自己发展的因素告别，这是一个人走向成功的第一步。

1.保持一颗谦卑的心

如果你想不陷入自满自大的状态，那就试着用一颗谦卑的心对待你的生活，以无限的热情去学习新的知识、新的技能，不断充实自己。如果你骄傲自满，总认为自己已经很了不起了，那么你将永远停留在原地无法前进。

2.不断审视自己的状态

要想让自己保持空杯心态，就应该时时审视自己，对自己的认识和思维进行必要的调整，清空一些思想行为方式，为更加成熟的思想和情绪腾出足够的空间，保证自己的思考和认知能不断地更新。做到了这一点，就不会再抱怨别人了。

3.空杯心态不代表否定过去

空杯心态并不是一味地否定过去，而是要怀着放空过去的态度，去融入新的环境，对待新的知识、新的事物。永远不要把过去太当回事，永远要从现在开始，进行全面地超越！当“归零”成为一种常态，一种延续，也就完成了对自我的全面超越。

朋友们，我们的人生之路还长着呢，如果你总因为一点小成就就迷失了自己，变得自傲自大，那你前方的路还怎么走下去呢？面对成就，笑一笑，就放下吧，人生处处是起点，我们要敢于从头再来、重新起航，这样，我们才能收获更多的惊喜。

过度逞能是愚蠢的表现

生活中有这样一类人，有一点点小成就，他就忘了自己是谁，而且不把他人放在眼里，总是觉得自己高人一等，在他人面前一味地显摆自己的高姿态，处处逞强，以至于人见人烦。为人处事，谦逊一点还是必要的，否则，你就会迷失了自己，即便你能力超群，但人外有人，过度逞能并不是一种本事，而是愚蠢的表现。

陈阳已经25岁了，在南方一所高校上学，是一名研究生，学习不错，性格也是非常外向。陈阳的老家是陕西，她出生在一个商人家庭，条件比较宽裕，从小她就长得比较漂亮，而且非常活泼，是家里的宝贝疙瘩。按常理来说，高学历的陈阳想要找到一份不错的工作应该不是什么难事，但大半年过去了，陈阳所面试的几家公司都没有录用她。原因究竟在哪呢？下面我们就来看看陈阳是怎样求职面试的。

毕业之后，陈阳将自己的求职目标定位为基层管理人员，通过几天的投发简历，她成功获得了一家高档购物中心的面试机会，职位是楼层主管。

一开始，陈阳先来了一段自我介绍，随后，面试官提出了第一个问题："请问你对时尚的认识是什么？"

陈阳想都没想，开口就说："各位考官，难道你们不认为在你们眼前的我就是时尚吗？作为一个典型的90后，我就是时尚的代名词，我从头到脚的装扮无一不代表着时尚。像你们这些每天都坐在办公室办公的职场老手，看到我的着装与气质之后就应该当即拍板，认定我就是最适合在这里工作的时尚达人，为何还会反过来问我什么是时尚呢？"

陈阳仅仅回答了一个问题，就被面试官请了出去。事后主考官对经理说："这位姑娘人长得漂亮，学历又高，起初看到她的简历后，我们人力资源部的很多同事都看好她。可是当见到真人之后才发现，她不仅说话没有礼貌，而且太过自傲。"

如果一个人过于逞能，那么，他就会对自己抱有一些不切实际的、过高的期望和要求。而世界上没有绝对的顺风船，一旦在船的航行过程中发生搁浅、触礁甚至翻船之类的情况，他就会比一般人更难以接受现实对他的惩罚，从一个极端走向另一个极端。陈阳，作为一个面试者，面对一个个考官，她不仅做不到谦逊有礼，而且还过度逞能，一味显摆自己，贬低他人，这样的面试怎么可能成功呢?

不逞强不代表唯唯诺诺。不逞强，它的意思是直面现实，追求真实，不抱任何偏见地理解、评价自我和别人。不逞强，不是毫无追求，它是用理智的进退观来审视局势。这种不逞强能使自己的心灵空间更广阔，且能让自己的心灵得到充分的休息调整，以便更好地寻求成功的契机。

1.把握好糊涂和精明的分寸

糊涂和精明是相对的，有时候太精明，会导致聪明反被聪明误；有时候装糊涂，大糊涂中也会有大精明。才干离不开智慧，处世也离不开智慧。只有将两者结合，才能做到不骄不躁，才会为人敬重。

2.不显摆，低调一点

低调是一种品质，一种修养，更是一种智慧。当你真正学会了低调做人，你就会拥有实实在在的平静和幸福感，生活中便会减少诸多的火药味道和硝烟，你就会发现原来享受生活并不是个空洞的口号。

3.切忌目中无人

诚实待人是赢得别人尊重的砝码，谦虚谨慎则使你走向成功的路上少了不少阻碍。工作中，要注意真诚地对待别人，不要因为他人某方面不如自己或自己某点强于他人而自以为是、目中无人，要学会接受他人的指正并能在他人需要的时候伸出援助之手。

生活中，那些处处优秀、处处夺榜首的人似乎并没有什么朋友，而那些能力一般的人似乎周围总是不缺朋友。这是因为多数人不希望自己的朋友强于自己，让自己成为配角，而那些抢尽风头的人，总会被排挤。所以，即便你很有才能，那也不要总是处处炫耀、处处逞能，当你受挫的时候你就会明白那种难受的滋味。

做一个谦虚的人，不恃才自傲

孔子的“三人行，必有我师焉”这句话，受到后代知识分子的极力赞赏。他虚心向别人学习的精神十分可贵，但更可贵的是，他不仅要以善者为师，而且以不善者为师，这其中包含有深刻的哲理。他的这段话，对于指导我们处事待人、修身养性、增长知识，都是有益的。多向他人请教，做一个谦虚的人，不恃才自傲，不骄傲自大，这样才会取得更大的进步。

章言是某高校人力资源专业应届毕业生，他和另外几名毕业生进入了一家民营企业。在3个月的实习时间里，他们经历了理念培训、岗位操作等内容，大家都干得不错。

在结束实习前一个星期，章言等几名应届生，又被特别委任为临时“部门经理”。整整3天时间，他们必须“客串”部门经理，并承担所有工作职责。

起初，章言认为，自己的大学四年可不是白上的，一个行政部经理没什么难当的。可是，在他“上任”的3天时间内，公司就出了一个大漏洞：原本计划两天完成的管理软件升级，迟迟不见完工。调查之下，各方均有托词，技术部称人手不够，人力资源部称短时间不能招到新人，行政部居然未接到两方通报。待章言决定外聘软件公司进行升级时，他已从经理岗位卸任。

这样的情况在其他部门也是发生过。销售部的丽丽说：“原以为学会卖东西、签合同就够了。但自己无论是模样外表，还是处世经验都太嫩了。”原来，丽丽在客串期间，多次陪经理参加客户宴会，深深领教了职场“太极”之道的高深。

这次打击给他们这几个自我感觉良好的年轻人带来了很大的触动。在会议总结的时候，他们终于明白了：人在职场，好高骛远、眼高手低只会栽跟头；虚心学习，积累提高，方是可取之道。

人的心就跟一个杯子似的。一杯水，倒掉多少，你就能装多少，倒掉得越多，装得越多。同样的道理，你的心永远处于不满的状态，才能容下更多的东西。这是一个高速发展的社会，你的不前进，就是一种落后；你的不谦虚，就是一种骄傲，骄傲的结果也是落后。

谦虚是一种修养，谦虚的人不自满，谦虚的人懂得接受批评，谦虚的人懂得请教他人。得意忘形，终会摔得很惨。谦虚做人，让你成就更上一层！有谦虚的态度，会让你收获颇丰，你会从每一件事情，每一个朋友身上学到更多的知识。

摒弃自负情绪，谦虚做人，虚心请教，我们需要做的还有很多。

1.态度决定一切

消极和积极的态度会带来截然不同的人生。那么，怎样保持一个积极的心态呢？第一，时间就是生命，珍爱生命，把握现在。第二，用一颗平常心看待事物。第三，洒脱一点，不要太在意过往。用积极的人生态度感染身边的每个人！

2.低调不张扬

低调做人，是一种品质，是一种修养，体现了人的一种宽阔的胸襟！保持低调的做人品格是对我们自身的一种考验！

3.放低姿态

人无高低贵贱之分，不论是做学问还是为人处世，都可谓是“术业有专攻”，没有谁高于谁。即便你身份地位优于他人，那也不代表你事事处于上风。所以放低姿态，多去请教，那么你懂得的和学到的将会更多。

越是自命不凡，越容易迷失自己

有人说：“自负，像一个泥潭，一旦陷进去就会难以自拔。”生活中有一部分人，比较自傲自大，总觉得自己文化程度高人一等、家境高人一等、能力高人一等，于是就不把他人放眼里。他们沉浸在过去的胜利之中，看不清楚自己，误解了自己的真正实力。自负，会给人带来过多的“负能量”。

王娇娇是个非常高傲的女生，甚至有些自负，一般人不太放眼里。她毕业于一所名校，毕业之后，想找个如意的男朋友。当然，这合情合理。本来嘛，王娇娇年轻、漂亮、工作好，家庭条件也不错，自己还是名牌大学毕业的研究生。但是王娇娇实在是太挑剔了，她希望未来的男朋友首先要有钱，然后还得英俊、潇洒、性格温和，学历还得比她高，最好是个“海归”，年纪还不能太大，否则，她就觉得配不上自己。

说来也怪，王娇娇身边从来不乏追求者。别人求之不得的男人，她却不屑一顾，甲有钱，可是长得老气；乙帅气，可是钱包太瘪了；丙长得帅气而且家境殷实，但只是个高中学历，王娇娇觉得跟他谈不到一块去……于是，王娇娇挑来挑去，没有一个中意的。说实话，初入社会的小伙子，羽翼未丰，有几个有钱的呢？

转眼王娇娇已经二十七八岁了，当初的追求者不是有女朋友，就是结婚了，一天比一天少了。尽管还有些追求者，但是条件已经明显不如以前了。王娇娇心想："就凭我这么好的条件，哪儿能跟他们啊。我以前拒绝的人比他们强多了！反正中国男的比女的多，别以为我整天惦记结婚，现在过得也挺好。我白天玩得快活，夜里睡得安稳。"

一晃又两年过去了，王娇娇的追求者没了。而王娇娇的青春年华已逝。她百无聊赖，细数过去的女友，她们结婚并有孩子了，唯独她一人独守空房。王娇娇照照镜子，不禁伤感，细纹已经开始爬上她的眼角。她好不容易看上一个中年事业有成者，可人家想找个年轻的女大学生，把她拒绝了。

高傲的王娇娇已没有了傲气，也没有盛气凌人的架势了，理智命令她赶快嫁人，再也不要挑剔。恰好有个人向她提亲，她答应了，没有多大的喜欢，因为对方并不符合要求，那人长得比较矮、身材也比较笨重，可是她还是勉强应了，只是觉得年纪太大等不起了。

自负的人一般把他优于他人的地方当做自负的资本，但这种人往往夸大自己的过人之处，而看不到自身的短处和他人的长处。这导致他们无限地自我膨胀，以自我为中心。人总是把自己看得很重要，但事实上，自己并非想象得那么重要。自大的人历来成事不足，败事有余。

其实，越是无能的人越是找不到自己的位置，越发自命不凡，他们就好像为自己挖了一个坑，不知深浅，在里面迷失了自己。自卑可怕，自负也一样，会让人迷失心智，做出很多可笑的事。自负，它绝对是一个横在我们成就丰功伟绩之路上的障碍。那么，我们该如何避免这种消极情绪呢？

1.要正视自己身上的不足之处

清醒地看到自己存在的不足。金无足赤人无完人，即使你在某一阶段取得了领先他人的成绩，也不代表你的能力就比他人强，不代表你能永远超越别人，在成绩面前，要善于审视自己身上存在的不足，才能克服不足，不断进步。

2.要看到他人身上的过人之处

青蛙待在井底时，觉得自己很大、天很小，而当它跳出井口时，就发现原来天很大而自己很小。每个人都有优点、都有长处，勇于承认他人、赞美他人时，就会改善你的人际关系，你也会得到更多的赞美与感激。

3.全新地、全方位地审视自己

现代社会中的我们，应全方位地审视自己。审视，是一种积极的自我超越，正如每日照镜子一样，没有审视地活着，实际上是对自我存在的极不负责的纵容。当然，全方位审视自己，不仅包括发现自己的不足，还包括明确自己的优势。

自负让人狂妄，让人蔑视一切，让人失去前进的动力，让人安于现状。一个自负的人，可能比较出众，但是却很难做到最好。原因无他，因为自负让他们失却了谦虚。“自知者明”，一个自负的人，又怎么能够虚心地认清自己呢?

放下自负情绪，用宽容的心去接纳更多

人不是万能的，做不到事事都知晓。即使是学识渊博的人，也常常会有不懂的疑惑出现。虽然事实如此，但是，现在很多年轻人傲气自负，就算是有不懂的问题，也不愿意请教别人，认为这是低三下四的事。殊不知，以谦卑的态度对待别人，反而可以获得额外的收获。

王凯是个比较有傲气的小伙子，他不太擅长与人打交道，由于学历比较高，王凯就觉得自己的想法要高人一等，觉得自己做的都是优秀的，跟身边那些普通人不可能有什么共同语言。毕业之后，王凯踏上了工作岗位，很快，他找到了自己的第一份工作。因为对工作的不熟悉，整整一周时间内，王凯的新项目开发策划案被经理一遍遍退改，王凯的自尊心受到了很大的打击，每每看到经理失望的眼神，王凯都有辞职的冲动。王凯觉得是经理思想太落后，欣赏不了自己超前而又有思想的策划，他一直认为自己写的方案都是最好的。

后来，王凯和比较好的表哥吃饭，谈起现在的工作，王凯就说出了自己的苦恼，表哥听了，对王凯说：“踏上工作岗位，这对你来说是一个新的起点，虽然你觉得身边的人并不多么突出，但是有一点你要承认，人家在这份工作已经干了很多年，他们对这些工作的要求是非常熟悉的，可以

说很多都是经验丰富的老手，你要多与他们交流，放下自己的自尊心甚至是傲气，虚心向对方请教。现在的你就是重新学习的阶段，他们都是你的老师，切忌自满、自傲。”

听了表哥的一番话，王凯顿然醒悟，对自己一周以来的行为感到非常悔恨。

次日早上，王凯早早地来到了公司，看着被打回来的策划案，王凯非常忧愁，他想请教别人，但是还是有点放不下架子，于是一直苦闷地坐着。这时，同事李霖来了，恰巧看到愁眉苦脸的王凯，李霖拍了一下王凯的肩膀，说：“怎么了？什么事儿这么愁眉苦脸的？”正好，王凯就趁机会将自己的难处告诉了李霖。李霖笑着对王凯说：“你去找郑阳帮帮忙，他是公司的策划高手，他的策划案很受经理青睐，你去向他请教，他一定很愿意帮助你的。”

有了李霖的提醒，他感觉轻松了很多，于是在郑阳空闲的时间，便走过去向他打招呼，就自己遇到的问题请教了他，郑阳认真地看了王凯的策划案，很中肯地提出了一些修改意见，并告诉他做策划案的一个“捷径”：“经理自己就是策划出身，每次沟通时不妨征求他的建议，仔细聆听他的意见，你会学到很多东西，很快就会成长起来。”

果然，按照郑阳的建议修改的策划案顺利地通过了经理的审核，同时，王凯也学会了有针对性地与经理沟通，受益匪浅。

此后，在工作的过程中，王凯发现自己身边的同事个个“身怀绝技”，每每遇到难题时，只要肯开口，总能从同事那里得到中肯的建议。

后来，王凯越来越喜欢现在的工作，心情也越来越好。

一个骄傲自大、自以为是的人是无法接受低下头去请教别人的，同样，这样的人也是不会受到他人认可的。生活中，人们总认为请教他人是承认自己不如别人，这是很没面子的事情，因此往往与真理失之交臂。其实，虚心请教他人是给了别人面子，得到满足的他同样也会给我们面子并且乐于传授经验。既得面子又得知识的事情，何乐而不为呢！所以说，放下你的自负情绪吧，用宽大的心去接纳更多，学习更多，这定是一件值得高兴的美事！

著名的美国思想家爱默生曾说过："一个聪明的人能拜一切人为师。"学无止境，每人都有值得学习的地方，我们要学会放低姿态，多向他人请教，这样才能获取更多的本领，成为一个更有能力的人。

1.放低自己的身段

人无高低贵贱之分，不论是做学问还是为人处世，都可谓是"术业有专攻"，没有谁高于谁。即便你身份地位优于他人，那也不代表你事事处于上风。所以放低姿态，多去请教，那么你懂得的和学到的将会更多。

2.记得人各有所长的道理

不要因为别人在某一方面不如自己，就轻视别人。须知，人各有所长，虚心可以使我们取他人之长补自己之短。如此一来，我们才能随时随地地严格要求自己，夯实自己，才能在虚心求教中不断得到进步。

3.人生处处是新的起点

孤芳自赏、恃才傲物，只会让自己失去很多学习的机会。处在一个新环境中，不管你曾经在学校里得了多少奖励，不管你曾经在以前的人生经历里是多么优秀，不管你曾经有多大的能耐，你都要学会放下，向前看，一切都要从零开始。

学习能力是一个人一生都不能放下的能力，如果你满于现在，不甘心去继续学习丰富自己，那你的思维就会被禁锢，一步步走向倒退，最终被新知识、新观念所淘汰。

第 10 章 倾吐你的烦恼，给坏情绪找个出处

学会合理地宣泄自己的情绪

法国作家大仲马说："人生是一串无数的小烦恼组成的念珠。"在日常生活中，伤心、抑郁、愤怒等消极情绪都是生活中常见的情绪，而闷气是生气的内在表现。一个人生闷气的时候，实际上就是陷入了消极情绪的阴影中，容易产生孤独感和抑郁症，缺乏积极性。想要消除闷气，让生活重新走回正轨，我们就应该学会在不断的尝试中选择一种适合自己的发泄方式。那么当自己有消极情绪的时候，就不是去拼命压抑，而是用合理的发泄方式以获得内心的平静。

小张出去工作。在上班的路上，他因摩托车爆胎而迟到了一个小时。好不容易完成一天的工作，他的老板又把他叫过去批评了一顿。在回家的路上，他先是沉默了一阵，接着伸出双手开始在门旁的树干上左右抚摸，然后才离开。当打开家门后，他立刻笑逐颜开，先和两个孩子紧紧拥抱，再给迎上来的妻子一个响亮的吻，这才进去洗漱。

他的孩子看到了他之前的举动，好奇地问他："刚才爸爸在树上做了什么呢？"小张爽快地回答："是这样的，那是我的'烦恼树'。我在外面工作，磕磕碰碰总是难免的，但不想将它们闷在心中，我可以将我的烦恼都暂存在那棵树上，明天出门再带走。奇怪的是，烦恼第二天就会消失了。”

小张就是找到了适合自己的发泄方式，将快乐带回家，将烦恼、不快都抛在门外。若我们想要更好地享受到生活的美好，体味到人生的快乐，就应该学会合理地宣泄自己的情绪。因为人与人之间的差异性，所以发泄的方式也不尽相同。下面是列举了常见的几种方式：

1.换个环境

环境对人的情绪、情感有着很大的影响。干净明亮，颜色柔和的环境，使你产生平静、舒畅的心情。相反，吵闹、狭窄的环境，则会令人心情不畅。因此，改变环境，也能起到调节情绪的作用。当你受到不良情绪的影响的时候，可以换个环境，看看外面的美景，呼吸一下新鲜的空气。好的环境能给人美的享受。美好的景色能令人心胸开阔，对于调节人的心理状态有着很好的效果。生活在美好环境中的人往往更容易获得好心情。

2.高歌释放

音乐对人们发泄心中不快情绪有积极影响。而自己放声高歌也有同样的作用。当我们有消极的情绪积压在内心的时候，不妨试着唱唱歌，或轻快的，或舒缓的，或快节奏的。唱歌时有节律的呼吸与运动，都可以有效消除消极情绪。

3.学会倾诉

当你心中有情绪需要发泄的时候，你可以向自己亲近的朋友、家人倾诉自己内心的真实感受。这样做可以有效地调节一个人的情绪。这样的确可以起到调节心理和情绪的作用。当心中不快时，你可以邀请一些知己好友，配上一杯清茶，倾诉自己心中的各种消极情绪，以便获得他人的安慰或者开导。

其实，宣泄消极情绪的选择还有很多，唱歌、叹息、自言自语、跑步、打球等都可以起到很好的宣泄作用。由于人与人之间文化思想、生活习惯等方面的不同，选择发泄情绪的方式也不尽相同。所以，我们要选择适合自己的宣泄方式。

人人都有坏情绪，而每个人选择的宣泄方式也各不相同，找到一个适合你的放松方式，以此来对抗情绪中的消极部分。这样做，你不仅能远离坏脾气，还能获得更多快乐。

不要把所有的事情都藏在心底

要幸福、快乐，就是要学会倾诉那些曾经的悲伤、痛苦，就要把抑郁发泄出来，就要让自己的内心空出更多的空间去容纳快乐的事情、积极的情绪。而倾诉就是一种很有效的发泄方式。

而倾诉是一种能力，倾诉是一种本能，是人们倾泻感情的渠道。

当我们心情不好的时候，不妨找个合适的倾诉对象，痛快地将自己的负面情绪说出来，心情就会好多了。将自己的悲伤、痛苦分享给别人，悲伤、痛苦也会减半。其实，将自己的烦恼诉说给别人，你就会发现，很多事情并没有你想象中的那么严重，然而一旦陷入某种情绪或者情境，就越急越生气，如果请他人指点下，可能就会豁然开朗，茅塞顿开。

孟萍最近心情很不好，其实困扰她的都是一些小事，但是她突然觉得自己活得没价值。可是她又不知道找谁诉说自己的这一想法，一般人还可能觉得她不正常，说不定对方还会嘲笑她。

一天，孟萍的微信上有一个好友申请，一看原来是自己的高中同学，孟萍和这个老同学已经10多年没见过面了，因为她们自从高中毕业后就各自去了不同的城市上学，平时都很少回家。但这个老同学却是这个世界上最懂她的人，在高中的时候她们就时常分享各自的小秘密。

孟萍打出几个字："最近还好吗？"

"我很好，你呢？最近过得怎么样呢？"

"还好吧，你怎么样啊？真是很久不见了。"

"为什么看你的朋友圈感觉你最近心情很不好呢？"

"没什么，就是每隔那么一段时间，就有点怀疑自我，觉得人生没意义。"接着孟萍又说，"你不会觉得我矫情吧。"

"不会，我也经常有这样的困扰，这说明你活得认真。敢于怀疑自我和向人生发问的人都是认真对待生活的人，但是，怀疑自我可以，不能否定自我。以我对你的了解，你永远都不需要怀疑自我，因为你的价值连你自己都不曾发现。"

"哦，你太会夸人了。安慰我可以，但不可以恭维我。"

"我要是恭维你的话，恐怕早就被你踢出好朋友的行列了。"

"谢谢你，和你聊聊感觉真好，感觉短短几句话间烦恼就都消失了。"

“那当然，如果说不到你的心里去，怎么称得上是你的知己呢？”

烦恼可以说出来，有些情绪也需要发泄出来，心情是也需要通过自我调节才能越来越好。你可以将自己的快乐或者哀伤诉说给朋友或者家人等，还能分担一些忧愁带来的烦恼。不要把所有的事情都藏在心底，因为这会让你更加痛苦。何不试着将自己的烦恼、心情说给合适的倾听者呢?

但是，并不是所有人都是合适的倾听者。如果你选错了倾诉对象，那么很可能适得其反。那么，你该如何选择合适的倾诉对象呢?

1.此人必须是值得信赖的

此人必须是值得信赖的，能够做你最忠实的听众，又不会成为你秘密的传播者。

2.一个宽容的听众

倾听的对象最好选择比较宽容的人。对于你所说的事情，他们可以不发表任何意见，只是提供一个可以畅所欲言的环境，做一个最好的倾听者。他们会认真地听你说话，不论你说出怎样的想法，他们都能表示赞同或者理解。这无疑会给你安全感，促使你自由地表达自己的想法。有时，这还能促使你从多方面看待问题，能更好地解读生活。

3.正能量的人

若你所选择的倾诉对象是一个消极的人，将事情说给他听，心情不会好起来反而会更加糟糕。心情不好的时候，你最需要的就是一个正能量的人，此时一句“没事的，一切都会过去的”“不要怕，你一定可以的。”“别多想了，你还拥有那么多。”“千万别这么想，这种日子很快就会过去了”“每一天都是一个新的开始，千万不要放弃希望”等。这些看似简单的话，却能在深处灰暗日子里的倾诉者的心中起到意想不到的积极作用。

4.能给你指导性意见的人

倾听者最好选择能给你指导性意见的人，他们可以分析客观事实，让你换个角度看待事情，进而帮你找出解决问题的方法。这样，当事情解决后，你的心情就会逐渐好起来，也会从中得到成长。

领悟人生的智慧，懂得取悦自己心灵的有效方法，学会倾诉和宣泄，最终才能够得到心灵的平静和喜悦，远离烦恼，也有利于我们身心的健康发展。

一声叹息能让我们摆脱消极的情绪

无论在生活还是工作中，面对无力解决的事情时，或者是难以完成的任务时，人们常常会长吁短叹。然而，长期以来，人们常常认为长吁短叹是消极和悲观的表现，所以有些人为了维持表面的平静不将自己的情绪表露出来，就会拼命压抑心中的消极情绪。殊不知，用这种方式虽然保住了颜面，却损害了自己的身心健康。

36岁的刘先生是一名制药厂的员工，由于市场竞争越来越激烈，企业面临倒闭的危险。而刘先生觉得自己年龄大了，又没有什么特长，很难找到适合自己的工作。所以，他整天忧心忡忡，提心吊胆。但为了不将自己的情绪带回家影响家人，每天他总是强装笑容，表现得若无其事。然而，他自己明白他已经变化了。他每天吃饭也不香了，睡眠质量也下降了，整个人的精神状态十分糟糕，有好几次都在工作中出现了失误。

时间越来越长，刘先生的失眠症状越来越严重，白天也不能集中精力工作，身心十分痛苦。到医院检查，医生说他患上了神经衰弱。正是因为他长期把不愉快积压在心中，导致心理压力过大，才引发了疾病。

若刘先生能够学会叹息，最终也就不会被疾病折磨了。从现实意义方面来说，叹息是消极、悲观的表现。所以，不少人总遏制自己叹息的欲望，不让自己不良的情绪表达出来。但是，当人们遇到不顺事情的时候，长吁短叹两次，有安神解郁的坦然感；在感觉压力过大的时候，长吁短叹一番，会有豁然开朗的豁达感；在心满意足、心情愉悦之时，长吁短叹一番，也会更加快乐、幸福。这是因为在叹息的时候，人的气息平缓而绵长地呼出，对于调整情绪、消除压力都是有一定积极的影响。

曾有医生针对叹息对人们的影响做过专门的研究：实验人员叹息过后，医生测试到他们的呼吸和心跳都明显比之前变慢了，原本心情并不好的人的心情也明显好了起来。北京大学医学院也曾做过一个专门调查，与常常压抑自己情绪的人相比，常常叹息的人的寿命要高出4岁到5岁左右。

可见，无论从生理学，还是从心理学的角度来看，叹息对身心健康都是有积极影响的。面对人生中的种种失败和挫折，我们要试着以叹息来调节自己的情绪，保证身心的健康。一声简单的叹息就能让我们摆脱消极的情绪、远离烦恼，何乐而不为呢？但是叹息并不是万能的，并不能解决实际问题。叹息并不都是积极方向的影响，还有很多的弊端。

1.不能让叹息成为习惯

叹息若成为习惯，也会像唠叨和发牢骚一样，让人感到心中不快。因为当你叹息的时候，别人就会知道你遇到了困难。若你总是叹息，别人就会对你解决问题的能力产生质疑。而且，像伤心、难过、愤怒等情绪都是具有传染性的，总是叹息就会将自己消极的情绪不知不觉间传染给身边的人。同时又给别人一种解决问题的能力不佳的感觉，所以只能化无力为叹息了。

因此，偶尔叹息可为之，有助于缓解情绪，若叹息成为一种习惯，并不会对自我调节情绪有积极影响。所以，对一些简单的事情不要总想着叹息，不能因此将事情复杂化，将事情越理越乱。

2.叹息不能解决问题

叹息过后，你的心情就会逐渐好起来，但叹息并不能帮助我们解决实际问题。因此，遇到无法解决的问题之时，光叹息是远远不够的，我们应该努力寻找解决问题的最佳方案，这才是真正让自己的情绪得到转化的方法。

在这个竞争激烈的社会，人们面对的压力越来越大。在这种高压状态下，我们可以试着用叹息来发泄心中的情绪，保持身心的健康。

主动释放、理智宣泄不良情绪

有了烦恼、怒气，若不及时宣泄，必然会变成闷气，因此，当自己愤怒时，或者闷气郁积的过程中，我们需要及时地将那些不满的情绪宣泄出去。当然，宣泄情绪的方式有许多种，而向他人倾诉是其中一种行之有效的方式。一个人生活在这个世界，必然构建了一定的人际关系，有我们的家人，有我们的朋友，有我们的老师等，这些都可以成为我们的倾诉对象。倾诉内心的烦恼，倾听者也会为自己分担一些闷气的愁绪，彻底溶解那些闷气的根源。可是，在现实生活中，许多人面对他人谈论自己的事情却是忌讳莫深，似乎戴上伪装的面具就是坚强，无论自己多少烦恼，多么生气，也不愿向他人袒露，宁愿自己一个人死撑着。直到有一天因为闷气而爆发，朋友才惊讶："原来他心中藏着这么多不为人知的秘密。"

英国思想家培根："如果你把快乐告诉一个朋友，你将得到两个快乐。而如果你把忧愁向一个朋友倾吐，你将被分掉一半的忧愁。"分担，它是一件有趣的事情，可以让我们的快乐加倍，让我们的痛苦减半。当你发现自己被那些怒气缠绕，而且，无力摆脱的时候，千万不要让它憋在心中，要学会宣泄情绪，学会向知己好友倾诉心中的烦恼，让自己摆脱闷气的缠绕。面对不良情绪，唯有主动释放，理智宣泄，否则，后果将不堪设想。

快到凌晨了，李太太家里的电话铃声突然响了起来，李太太拿起电话："喂，你是哪位？"电话里传来了一个妇女的声音："我恨透了我的丈夫。"李太太感到莫名其妙："我想，你打错电话了。"但是，对方似乎没有听见，依然继续说下去："我一天到晚照顾两个孩子，他还以为我在偷懒 ，有时候我想出去见见朋友，他都不让，自己却天天晚上出去，跟我说有应酬，鬼才会相信呢。"李太太打断了对方的话："对不起，我不认识你。"那位妇女生气地说："你当然不会认识我了，这些话我怎么能对亲戚朋友讲，到时候肯定会搞得满城风雨，现在我说出来了，舒服多了，谢谢你。”随后，那位妇女就挂断了电话。

虽然，这位妇女的做法显得十分荒唐，但是，我们却从中发现，一个被不良情绪所困扰的人，他们其实很想把心中的忧愁和苦闷做一番倾诉，哪怕对方只是一个陌生人。在电影《2046》里，梁朝伟饰演的周慕云将自己内心的秘密对着一个树洞倾诉，不难发现，每个人都有一种倾诉的欲望。有时候，心中的烦闷可能是关于隐私之类的话题，那怎么办呢？事实上，我们应该明白，在任何时候，知己好友都是我们心灵的伴侣，在朋友面前，又有什么可丢脸的呢？当然，向朋友倾诉自己的烦恼，我们需要选择值得相信的朋友。朋友对于我们来说，无时无刻不在身边，只要我们需要他们的时候，当自己遇到了不顺心的事情，都可以拨打电话给朋友，向他们道出内心的烦闷，甚至，可以在朋友面前发怒、哭诉，尽情宣泄心中的不良情绪。

李芳才三十岁的年纪，就独自经营了一家大型企业，或许，在旁人看来，李芳已经获得了人生的成功。可是，又有谁能知道李芳心中的苦闷呢？在李芳的家里，是属于男主内女主外的模式，老公在家带孩子，自己在外奔波辛苦。刚开始的时候，老公心中总满怀愧疚，常常告诉李芳：“老婆，你一个人太辛苦了，都怪我，没本事。”对此，老公对家里全身心地付出，包揽了家里所有的家务，不让李芳操心，这让李芳感到由衷的欣慰。可是，好景不长，时间久了之后，老公变得越来越懒，连家务都派遣给保姆，整日游手好闲。如果李芳说他一两句，老公就会反驳：“我一个大男人在家里多辛苦，出去放松放松，又怎样？”这时，李芳就住口不语，两人关系越来越恶劣。

每次回到家里，李芳都感到身心疲惫，满腔怒火，却找不到地方发泄。每到凌晨，老公还没回家，李芳就气得在家里砸东西，可是，发泄过后，老公回家了，李芳就像没事一样。这样，时间长了，李芳心中闷气越积越多，作为公司董事长，她又不好在员工面前发脾气，只能憋在心里。偶尔，想到了朋友们，又不好意思开口，即使碰到朋友主动问道："李芳，最近有什么烦心事吗？怎么看你脸色不太好？"李芳也总是推托两句："没事啊，一切都挺好的，可能是工作太累了吧。"可是，没过多久，朋友就闻讯了李芳自杀未遂的消息，听闻此消息，大家都大吃一惊，怎么会这样呢？

有人说："一个人如果有朋友圈子，就能长寿20年。"的确，向朋友倾诉内心的烦恼是排除不良情绪的有效办法。当自己有不良情绪出现时，有可能会越想越愤怒，越想越伤心，这时，若是约个朋友，将自己心中的郁闷之气尽情地倾诉一番，在朋友那里寻求支持和解答，就会获得一种心理上的平衡。俗话说："当局者迷，旁观者清。"或许，那些对于自己来说，不能解决的问题，在朋友的劝解之下，便会迎刃而解，这样，你心中的闷气就会得到最大程度的宣泄。对每一个深陷烦恼的人来说，朋友的倾听和理解才是最好的安慰剂，向朋友倾诉，不仅使郁闷情绪得到消减，心灵得到沟通，而且，在倾诉的过程中还能增强友谊，分享快乐。

为了不让自己生闷气，学会倾诉吧，向自己的知己好友倾诉，他们会为你分担一些闷气的愁绪。

适时适当地向他人倾诉我们的情绪

对于积极乐观、性格直爽的朋友而言，生闷气是很少见的情况，因为他们只要觉得心里不痛快，就会向别人陈述自己的心情，表述自己的内心，也把自己心中的愤怒和忧愁及时发泄出来。然而，对于那些非常内向且自卑的朋友而言，生闷气就变成常有的事情。他们因为性格内向，而且还伴随着自卑，所以很少向他人表露自己的内心。即便有了不愉快，也会闷在心里，最终导致这种情绪成为郁结之气。

从身体和心理健康的角度来说，每个人都应该学会表达自己，尤其是在有了负面情绪之后，一定要学会排遣自己的情绪，从而帮助自己更好地舒缓自己的心情。当然，宣泄情绪的方式有很多种，其中，向他人倾诉是最好的一种方式，而且行之有效。正如人们常说的，快乐与人分享，会变成双倍的快乐，忧愁与人分享，就会减半。由此可见，良好的人际关系不但对于我们的人生起到重要的影响，而且对于我们的心绪也会起到良好的平衡和稳定作用。诸如很多女性都有闺蜜，不管有什么事情都会和闺蜜倾诉，很多男性也都有自己的铁哥们和死党，因而遇到事情的时候可以和哥们一起唱歌喝酒，烦恼和忧愁瞬间就被抛之脑后。此外，俗话说，三个臭皮匠还抵个诸葛亮呢，几位朋友在一起出谋划策，也的确能够对事情的解决起到切实的帮助作用。

不过，生活中也不乏有些人虽然不内向，但是在承受痛苦的时候，却不愿意与他人分担。究其原因，他们非常爱惜面子，看重自尊，因而总是默默承受一切，伪装坚强。不管自己多么烦恼和忧愁，他们总是对自己的

烦恼讳莫如深。当他们终有一日因为再也无法承受下去而彻底爆发时，身边的人才会惊讶地发现，虽然他们整日都乐呵呵的，实际上心底却隐藏着那么多的忧愁和悲伤。当然，这种突然爆发的后果也是非常严重的，就像火药一样，越是大剂量的火药，越是容易导致强烈的破坏性。愤怒也是如此，唯有及时消除，才能避免最终酿成大祸。除此之外，从人际关系的角度而言，只要我们不把其他人当成自己的情绪垃圾桶，而是适时适当地向他人倾诉我们的情绪，我们就能够因为倾心倾诉，赢得他人的信任，与他人之间建立良好的关系，这样对于推动人际关系的建立是非常有益的。

近来，陈佩在工作上遇到了很大的困难，不但工作进展不顺利，而且也与上司之间关系恶劣，最终导致受到冰封和雪藏。对于人到中年的陈佩而言，这样的现状让他感到非常苦闷，为此，他变得越来越沉默，即使下班回到家里，也会一个人躲在书房中，直到很晚才入睡。

看到陈佩这个样子，不明就里的妻子也很郁闷。她每天在家里操持家务，还要照顾孩子和老人，也很辛苦，只想等着陈佩回家之后能够和他说说话，两个人都好好放松一下。然而，看到陈佩愁眉不展、沉默不语的样子，妻子越来越生气，几次三番问陈佩怎么了，陈佩都闭口不言。终于，妻子忍不住发作了，怒吼道："你到底是怎么回事啊，难道我劳累操劳了一天，还要看着你这张驴脸吗？"听到妻子的抱怨，陈佩也忍不住爆发起来，说："难道我辛苦工作一天，在外面跟孙子似的，回家还要对着你赔笑脸吗？你愿意看我就看，不愿意看我就滚蛋，没人强留你！"妻子一气之下，收拾东西带着孩子回了娘家。陈佩感到懊悔不已，人到中年，如果自己失去了事业，再失去家庭，岂非一无所有吗？而且，平心而论，妻子

的确没有任何错误，还默默无闻地为这个家付出了很多。想到这里，陈佩在微信上和妻子讲述了自己最近的工作难关，妻子这才知道陈佩在外面受了多少委屈，因而也变得非常理解陈佩，带着孩子回到家里，而且还安慰陈佩："没关系，工作不高兴的话，咱们就换一份工作，反正只要咱们一家人在一起平平安安的就好。如果实在不想干了，你就辞职休息一段时间，毕竟这些年来你为了这个家一直在工作，也需要休息休息了。"听到妻子温存的话语，陈佩感动不已，不由得充满勇气。是啊，只要有妻子在他身后，只要有这个幸福的三口之家，他就没什么可怕的。

很多夫妻关系之所以变得冷漠，也许只是因为作为丈夫或者妻子的，最开始有了烦恼的时候，因为不想让爱人跟着担心，所以选择了隐瞒和沉默。殊不知，夫妻一定要相互分担和支持，一起承受生活的风风雨雨，才能最终赢得相互理解和尊重。因而朋友们，在面对自己最亲密的人生伴侣时，一定要毫无保留地倾诉自己的内心，也要非常理解和尊重自己的伴侣，这样才能经营好夫妻关系。当然，对于亲人、朋友甚至是同事，我们也要及时与对方针对某些事情进行沟通，这样才能表现出我们对他们的信任，也才能与他们之间建立亲密无间的关系。所谓当局者迷，旁观者清，很多事情也许身边的人比我们看得更加清楚，也更能给我们中肯客观的建议。这样一来，我们不但疏通了自己的情绪，也使问题得到了圆满解决。

1.人生在世，每个人都需要有朋友，就连秦桧都有几个好朋友呢，这是因为哪怕是无恶不作的秦桧，也需要和朋友倾诉自己的苦恼，分担自己的忧愁，更何况是我们作为普通人呢?

2.为了化解自己的愤怒，我们必须学会倾诉，这样才能及时消除自己内

心的愤怒，从而帮助自己消除忧愁，也与好朋友建立相互信任的关系。

3.不要怕欠人情，今天你和朋友分担忧愁，明天朋友有了不开心的事情才会告诉你，这和礼尚往来的道理是一样的，随着一来二去，你和朋友之间的关系一定会越来越亲密无间的。

采取委婉曲折的方式表达自己的愤怒

当人们把愤怒郁积在心里，日久天长，愤怒必然如同一座随时等待喷发的火山，不知道什么时候就会发作，而且很容易因为长期累积变得极具杀伤力。不管是对于别人而言，还是对于我们自身而言，只有及时消除心中的愤怒，才能避免对他人和自己造成伤害。

日常生活中，我们常常觉得看不惯某个人，认为对方的言行举止和语言表达，都没有很好地达到我们的标准。然而，我们却因为碍于对方的面子，或者不知道如何表达，而把这份不满隐藏在自己的心里，日久天长，我们必然对对方越来越不满意，最终导致愤怒大爆发，却使得对方丈二和尚摸不着头脑，因为对方很有可能一直以来根本不知道你在为什么生气。由此一来，误解也就随之产生。虽然大多数人都不喜欢那些总是肆无忌惮、自以为是发表意见的人，但是他们更不喜欢遇到不满意只会闷在心里的人。众所周知，明枪易躲，暗箭难防，与其把气愤闷在心里，不如把气愤当面锣对面鼓地说出来，也许更利于好好解决问题，也能让彼此的关系更加良好。

也许是因为传统思维的影响，中国人似乎更喜欢生闷气，不乐于表

达感情，而且特别容易受到消极情绪的影响。正如大禹治水一样，宜疏不宜堵，气愤也是如此，应该及时疏通出去，而不要堵住，否则必然导致愤怒积重难返，再疏通也来不及了。与关系亲密的人生闷气还会导致对方误解，导致彼此之间关系疏远。举个最简单的例子，原本非常亲近的两个人，如果有一方总是生闷气，就会使关系变得恶劣，甚至把小矛盾渐渐演化成大矛盾，这样的结果显然是每个人都不愿意看到的。当然，也许有些人是因为不知道如何表达自己的愤怒和不满，所以才选择郁结于心。其实，表达不满未必需要多么犀利的言辞，有的时候我们也可以委婉地表达自己的不满，这样就能够避免得罪他人，也起到良好的沟通作用。

著名画家张大千留着长胡须，为此，经常有朋友拿胡须调侃张大千，次数多了，或者场合不当的情况下，张大千未免会感到恼火，但是又不好直接和朋友翻脸，因而就选择委婉地表达，从而让朋友理解他很不高兴。

有一次聚餐时，又有一位朋友调侃张大千的长胡须，甚至公然嘲笑张大千。张大千却毫不懊恼，而是淡然地说：“我也有个和胡须有关的故事，想要讲给大家听。关羽、张飞战死沙场后，刘备为了祭奠他们，给他们报仇，计划要率领大军伐吴。关羽的儿子关兴和张飞的儿子张苞都很想当开路先锋，因为他们也迫不及待地想要为父报仇。为了给他们公平的竞争机会，刘备说：‘你们各自讲述父亲的战功，谁说得好，就让谁当开路先锋，一马当先。’听到刘备的话，张苞马上抢先说道：‘我父亲战功最多，他不但喝断长板桥，夜战马超，而且智取瓦口，义释严颜。’关兴尽管说起话来有些结巴，但是也丝毫不愿意落在后面，也当即说：‘我的父亲胡须很长，献帝都曾经当面赞美他是美髯公，所以我理应一马当先。’

此时，已经仙逝的关公站在云端上，听到关兴居然如此表述自己的战功，情不自禁地怒骂道：‘不肖子孙，你父亲我当年斩颜良，诛文丑，过五关，斩六将，而且还有勇有谋地单刀赴会，你居然都忘记了，光讲你老子的长胡须有用吗？’”听完张大千关于胡须的故事，在场的朋友们全都闭口不言，再也不敢随意调侃张大千的胡须了。

对于朋友们几次三番的调侃，张大千心里很不满，但是他没有生闷气，也没有与朋友撕破脸皮，而是采取这种委婉曲折的表达方式，以讲故事的方法怒斥朋友们。这样一来，既保全了朋友们的颜面，也表达了他的心意，更让朋友意识到他的不快，因而他最终达到了自己的目的，让朋友们全都对他的胡须闭口不言了。

人与人相处，难免会发生些不愉快的事。在这种情况下，与其一个人生闷气，导致自己郁郁寡欢，也影响人际关系，不如采取委婉曲折的方式表达自己的愤怒，让他人意识到自己的不满，从而有所收敛。此外，也因为没有伤害朋友的颜面，所以并不会对朋友造成伤害。

（1）不同个性的人在一起交往，难免会有摩擦。内向的人总是把愤怒放在心里，日久天长导致愤怒如同火山般爆发出来，反而更容易导致恶劣的后果。对于愤怒，宜疏不宜堵，最好是问题一旦发生就及时解决，这样也能避免形成更深的误解。

（2）假如一个人惹你生气了，千万不要郁郁寡欢，而要以最佳方式表达自己的愤怒。

（3）委婉表达愤怒的方式有很多，在生活中，我们应该处处留心，而且还要根据事情发展的实际情况更好地处理自己的愤怒。

第11章

挖掘积极情绪，好心情让幸福感多一点

决定自己命运的，是你的内心

我们需要记住一句话：“决定自己命运的，不是外在世界，而是你的内心。”

曾经有一位老奶奶，心情总是不好，为她的两个儿子操碎了心。其实她的孩子过得挺好的，都经营着各自的小生意，大儿子卖雨鞋，小儿子卖遮阳帽。只是她的内心比较悲观罢了。天气晴朗的时候她就担心大儿子的雨鞋卖不出去，终日伤心难过；天气不好的时候，她就担心小儿子的遮阳帽卖不出去，不时地就偷偷地抹泪。其实她只是把问题看得太悲观了，积极心态的人会用反方向的思维来看待这个问题的。此外还有一个故事，禅宗里有一个著名的公案，说的是苏东坡曾向佛印学禅，有一天他问佛印禅机是什么，佛印说你看到什么就是什么，苏又问：“你看我是什么呢？”佛印说：“你是佛。”苏很得意地对佛印说：“我看你是屎。”佛印笑了笑，什么也没说。苏东坡觉得占了便宜，回家后对苏小妹说起这件事，苏小妹却大笑道：“你真是笨，输了还不知道。”苏东坡问：“为什么？”苏小妹说：“佛印眼中的你是佛，所以他就是佛，而你眼中的他是屎，你就是屎。”我们无法左右世界的运转，我们能左右的是自己的心。所以说，改变自己，完善自己，那你就能把控自己的世界，成就最幸福的人生。

世上无完人，每个人都有自己的优点缺点，很多事物也都是利弊相伴、福祸相生，你以什么样的心态来看待这个世界，世界就会以什么样的面目来“回馈”于你。因此，我们应该首先摘下“有色眼镜”，还世界以本来面目，然后抱着一份快乐健康、积极向上的心态去关照你生命中的每个人、每件事，相信你会惊奇地发现——原来，这个世界比我们想象中的更好。

在国外有一对双胞胎兄弟，出生时家里已经穷困潦倒，他们的母亲终日酗酒，父亲则是嗜赌如命，生活可以说是过得乱七八糟。可是长大后的两个人却走上了截然不同的道路。弟弟沦为赌徒，并且作恶多端，最终走入监狱的大门；而哥哥却通过不断的努力取得了很大的成功，在生意场上做得可谓是有声有色。为什么有着相同的家庭环境而又一起长大的亲兄弟会有如此大的反差呢？后来，面对记者的采访，他们的回答着实让人吃了一惊，对于自己当前的状态，他们都说了相同的一句话“是因为我的爸爸妈妈的缘故”。同样是一个悲惨的家庭，为什么弟弟会沦为赌徒，哥哥会变成企业家，因为决定命运的不是外在世界，而是你的内在世界。

生活中，我们会听到很多的抱怨声，“因为社会的不公，才导致我今天的下岗”“因为某某的缘故我才经历如此多的痛苦”“要是早点到就好了，都是因为等你才晚了的”……抱怨，总是无尽的怨天尤人。可是你想一想，既然都是社会的原因导致你下岗，为什么别人就很快适应了新的工作，并混得得心应手呢？难道考虑不到自己的问题吗？根源就是内心的渴求和现实不一致，你不能正视困难，不能面对自己，不能面对自己的缺点和不足并且纠正掉这些不足，反而把所有的责任都推卸到别人那边，觉得自己很可怜，是受害者。你遇上了一些社会上的不公，你被社会磨光了棱角，撞得头破血流的时候，你还会不会说：这是别人的错，不是我的错？

朋友们，请记住：决定自己命运的，不是外在世界，而是你的内心。

怎么才能练就好的心态，让自己的世界更加美好呢？

1.鼓励自己

悲观的时候多想想自己的辉煌史，多去留意一下自己取得的成就，告诉自己你其实是非常棒的。多给自己成功的心理暗示，实现自我鼓励，以保持继续战斗的充沛的精力。

2.压力不易久积，要及时排解

排解压力的方法实在太多了，可以自我排解也可以找他人倾诉，目的都是让自己恢复轻松的身心环境。不要有一些杞人忧天的想法，避免心理长期压抑，不要将自己孤立起来，走到团队中去。

3.相信事情都有积极的一面

事情都有两面性，所以没必要在一棵树上吊死。凡事向好的方向想，向好的方向努力争取。事物都存在阴阳两面，积极的心态会增加你的力量，消极的心态会摧毁你的力量。

快乐有着无穷的感染力量

伟大的精神病专家阿德勒曾对那些精神忧郁症患者说：“如果你遵照我开的处方去做，你就可以在两周之内痊愈：每天想想如何让别人高兴。”阿德勒医生要求他们每天都做一件好事，但什么是好事呢？“好事，”先知穆罕默德说，“就是能给别人脸上带来开心微笑的事。”

是啊，快乐有着无穷的感染力量，可以传递给他人，你在为别人高兴的同时，自己也能获取快乐，这种行为，是共赢的。

海丽一度比较郁闷，在茫然与寂寥中，她驱车去了教会。她认识的几位朋友正在教会筹备一个活动。

到教会时，还未进入活动大厅，海丽就已听到悠扬的歌声。原来大家正在排练圣诞节的歌舞节目。见海丽进来，几位朋友马上笑着过来和她握手打招呼，活泼的尼亚更是给了海丽一个热情的拥抱，不相识的人也笑眯眯地向她致意问候。刹那间，一种亲切之感涌上海丽的心头。

柔美的歌声在大厅中回荡，大家随着钢琴动听的旋律用不太熟练的舞姿诠释着歌曲的内容。大家边表演边讨论边改进，时不时会因为某个动作的滑稽而爆发出阵阵笑声。她们全身心地投入到歌舞中，看起来年轻且充满活力。实际上她们的年龄都已不小，几位年长者已七十有余了。然而她们显得那么开心，那么富有激情，那么乐观向上！她们欢快地唱着，忘情地跳着，在唱唱跳跳和欢声笑语中尽情地享受着生活的美好与快乐。

海丽被这种欢快的氛围包围着，融化着，心情也在不知不觉中渐渐变得开朗起来了。

随后，海丽认识到了快乐的传递功能，每次当她心情不好的时候，她都尽量克制自己的郁闷心情，尽量用快乐的面貌面对他人，她的快乐传递给别人，别人反馈给她更多的快乐，慢慢地，她内心的那些阴云都在快乐中消失了。

快乐是会传染的，不信吗？你笑着面对别人的时候，别人的笑定会对着你，这就是快乐的感染力。当你快乐的时候，别人的心情会因你而受到感染，别人的笑声同样再次感染着你，这样的生活会在笑声中度过，再多的时间也会飞一般地过去，再多的忧虑都会消失。

如果无人分享你的快乐，那么这种快乐是浅薄的。只有当快乐成为大众的，它才实现了真正的价值。每个人都希望自己快乐，但并不是每个人都会无时无刻找到快乐。所以，我们不如把快乐传递给别人，一传十，十传百，最后变成与世界同乐，这才是快乐最好的归宿。

1.做一个喜欢分享的人

分享苹果、荷包蛋，这是极小的生活细节。然而，在这样的细节之中，作者懂得了什么是分享。其实分享一直都贯穿在我们的生活之中，留心观察，你会发现，是分享串联了生活中一个又一个温馨的画面。懂得分享，也就让我们拥有了神奇的温暖人心的力量！

2.平日里及时问候一下自己的亲友

快乐的人每天都会得到一种短暂的友好问候，仅仅五分钟的电话就会使人们快乐起来。麦尔斯说：“这是因为它让我们记起了生活中的关爱，享受到生活中的喜悦，分担了生活中的忧虑。”

3.有一颗有爱的心

传递快乐，除了要有一颗快乐的心，你还要有爱心，别人烦恼时，不要吝惜你的安慰，也许你并不能帮她解决问题，但是一句安慰的话可以温暖她的心；在旅途中，陌生人走在一起总是会保持冷漠，这时，你主动说话，一句玩笑或一个微笑，也许又是一段新的友谊……

尼古拉斯·克里斯塔基斯教授认为：分享快乐、传播快乐，本身就是一种幸福。只要你心中有理解，有宽容，那么快乐将越分享越繁盛。分享快乐，得到的是别人，收获的是自己；分享快乐，享受的是别人，领悟的是自己；分享快乐，感染的是别人，幸运的是自己。

懂得自我调节，为简单生活添点彩

生活是简单并且现实的，我们并不是活在锦衣玉食、花团锦簇中，我们必须为生活、家庭、事业奔波，很多时候，我们真的累了。而其实，只要我们懂得调节自己，就能为简单的生活添点彩。

在他人看来，刘云应该是个很幸福的女人，她家庭和睦，丈夫事业有成，她每天都有大把的时间做美容、逛街。但谁又知道全职太太的烦恼呢？即使把所有的名牌都买回家，也不能填补内心的空虚；即使打扮得再漂亮，丈夫也没时间多看一眼。更为烦躁的是，她每天的生活太简单了：早上7点钟起来，准时为丈夫和儿子做早饭；8点钟送丈夫出门；中午11点，她开始为自己做午饭；下午3点钟，喝下午茶、做美容；5点钟，开始为丈夫和儿子准备晚饭。

其实，这样的生活已经五年了，但最近刘云觉得内心特别焦躁，她在想，如果人生剩下的几十年都要这么活下去的话，那该多悲哀！

后来，刘云的一个姐妹劝她："你现在还年轻，手上也有资金，为什么不自己开个小店呢？"

"开什么店好呢？"刘云问。

"宠物店啊，你不是最喜欢那些猫猫狗狗的吗？再说，你住的是别墅区，周围都是有钱人，肯定能挣到钱。”

朋友说得对，刘云将自己的想法告诉了丈夫，谁知道，他竟然同意了。说干就干，刘云现在门店的生意十分红火，有了生意，自然也就有了干劲。

我们要有个好心态，用平和的心态去面对生活的平凡与简单，并努力让生活变得不单调，从而让自己享受持久的快乐。其实，平凡本身就是一种幸福，你需要做的是，体验一种平凡、持久的快乐。

因此，忙碌的人们，从现在起，不妨先善待自己，让自己的身心都偷一下懒吧：

（1）每天出门前将自己打扮得干净、利落一点，然后照照镜子，对自己笑笑。

（2）每天睡觉前读点书，读书让我们的灵魂不再空虚。

（3）偶尔写写文字，将自己的心情记录下来。

（4）买适合自己的衣服，不要让衣服束缚你的身体。

（5）可以偶尔变换一下穿衣风格，换换自己的心情，也给别人一个惊喜。

（6）经常变换发型，当然要与服装搭配。

（7）交几个聊得来的朋友，在生活中遇到什么事情，他们能诚心诚意地给你提些建议。

（8）养几盆花草，悉心照料它们，当它们开出花儿的时候，你会很有成就感。

我们在生活中要学会自我调节，拿得起放得下。工作的时候认真地工作，玩的时候就尽情地玩。想打扮就打扮，想吃就吃，想睡就睡，随心所欲吧。人生在世难得几回醉？我们要学会善待自己，学会享受生活。

兴趣是调节和排解不良情绪的一个好出口

生活的单调、乏味，常常使人陷入空虚。对于大家而言，如果对生活没有热情，缺少自己的兴趣、爱好，那么一旦有压力就失去了一个极佳的排解途径。所以说，兴趣对一个人的情绪来说至关重要，它是调节和排泄不良情绪的一个好的出口，如果你能注重多方面发展自己的爱好，那你生活的乐趣也会增添很多。

萧伯纳是英国现代杰出的现实主义戏剧作家，是世界著名的擅长幽默与讽刺的语言大师，他在15岁的时候，就因为家庭困难交付不起自己的学费而被迫辍学。在那生活困难的几年里，萧伯纳逐渐对文学产生了兴趣。生活的不易，社会的现实，自己的遭遇等成为了他的写作素材，他把自己的心情全部诉诸于文字，开始了自己的创作。起初那几年，他的创作道路是非常不顺的。他曾经写过五部长篇小说，可是全部被出版社拒绝了。后来，他开始不断总结，不断反思，决定进行喜剧创作。经历了无数次的拒绝，一次次的付出也就白费了。

尽管如此，自己的兴趣还是支撑他走过了那段岁月，这份热忱，这份喜爱，让他越挫越勇。终于，功夫不负有心人，1923年，萧伯纳创作了历史悲剧《圣女贞德》，公演后获得空前的成功，被认为是最佳的历史剧。他成功了。1925年，因为他在文学史上做出的巨大成就，瑞典皇家学会授予他诺贝尔文学奖，萧伯纳成为了闻名世界的伟大作家。

很多人觉得自己无事可做，精神空虚，生活无聊，时间长了可能导致生理上的疾病。但是，兴趣广泛、精神生活丰富的人则可以很好地充实自己的生活，保持心情的愉快。所以，大家应该多培养自己的兴趣、爱好，为生活重新找到一个支点，使生活更加丰富多彩。

一个人的兴趣足够大，那他对于一件事的热忱和毅力就足够大。法布尔对昆虫有特殊的爱好，他在树下观察昆虫，可以一趴就是半天。诺贝尔奖获得者丁肇中说，我经常不分日夜地把自己关在实验室里，有人以为我很苦，其实这只是我兴趣所在，我感到“其乐无穷”的事情，自然有毅力干下去了。有兴趣，你就不会在枯燥乏味的研究中感到苦闷，你就不会在长期的工作中感到难以坚持。兴趣，是一个人的毅力支撑。

一个健康的兴趣爱好能够培养人们高尚的道德情操，并且有助于身体健康。一个人如果有广泛的兴趣爱好，不仅能拓宽知识面，还能够不断感受到生活中的美好，提高自己的积极性。

兴趣爱好是我们的一种精神食粮，它能使我们的心灵更美，生活更有情趣，使我们的生命更有意义。爱好也是生命中一笔巨大的财富，是一次性存入银行，却取之不尽的“快乐存款”。

兴趣产生的力量不可估量，如果你极为热爱一件事，对此有着极高的兴趣，那你就会对此投入莫大的关注度。但是，我们并不能对所有事都保持极高的兴趣，想要在自己应该要做的和必须要做的事情上保持兴趣，我们需要注意以下几点：

1.内心要有一定积极意义的期望

积极期望就是从改善你自身的心理状态入手，对自己所学习的某项爱好充满信心，相信这一定是非常有趣的，自己一定会对这个兴趣点产生信心。想象中的兴趣会推动你认真学习此类兴趣，从而导致对它真正感兴趣。

2.积极参加有益的实践活动

因为广泛的实践活动能给人提出问题，这是培养兴趣的基础。一个人如果闭目塞听，孤陋寡闻，怎能培养起广泛的兴趣？例如，有人参观了书法展览，从此对书法感兴趣；有人自己做了晶体管收音机，从此对物理学产生了兴趣。

3.内容一定要高雅

我们所提倡的兴趣爱好一定要是健康高雅的，比如，广阅群书、琴棋书画、练瑜伽、下国际象棋、鉴赏古物、品酒及游泳等都是可以的。欣赏过世界名作的眼睛，聆听过古典音乐的耳朵，吟诵过唐诗宋词的嘴巴，所表现出来的优雅和高贵，是任何化妆品也修饰不出来的！

当你对一件事保持高度的兴趣时，你在忙碌的时候，你感到的不是劳累，而是一种幸福感、成就感，你会以此为乐。同时，你投入其中的热情也会激发你更多的潜能，从而完成更大的超越。这时候，你已经不是为了成功而学习，而是为了兴趣而学习。

进行积极的心理暗示，赶走坏心情

人的心是活的，听到的话总是使其产生一定的改变。所以，这也就决定了人心容易受到暗示的影响。如果进行积极的自我暗示，一个人就会积极正向，充满正能量。如果进行消极的自我暗示，一个人就会消极悲观，充满负能量。心理学家已经证实，积极的自我暗示能够帮助我们消除内心的恐慌，消极的自我暗示，则会使人心中更加恐惧，甚至导致身体也随之产生不利于健康的变化。

现实生活中，很多人出身贫寒，却因为为自己制定了远大的理想和人生计划，在奋斗的过程中坚持激励自己，对自己进行积极的自我暗示，最终彻底改变了自己的命运，出人头地，成为人生的成功者和强者。相反，假如一个人始终进行消极的自我暗示，就会导致命运更加糟糕，人生也会更多坎坷挫折。曾经，有个人在冷库里工作，眼看着就要下班了，他突然想起有私人物品遗落在冷库中，因而进入一个冷库去取东西。不想，工友们不知道他在冷库中，因此锁上冷库的门下班了。这个人发现自己被锁在冷库里，不由得惊慌失措，大喊大叫，但是无人应答。一夜之后，工友们来上班，发现他已经死在冷库中。最让人惊讶的是，冷库当天晚上拔掉了电源，根本没有制冷，而且冷库中的空气也完全够他一晚上消耗的。最终，心理学家证实，他死于内心的恐惧，死于绝望的心理暗示。由此可见，消极的心理暗示不但影响我们的心情，对于我们的身体健康也是有着恶劣影响的，甚至会夺走我们原本健康的生命。

现代社会，每个人的生存压力都很大，人们也倍感焦虑，在这种情况下，我们更加需要进行积极的心理暗示，才能赶走坏心情，保持心情愉悦轻松，从而更加坦然从容地面对生活和工作。要知道，愁眉苦脸和焦虑，根本不能帮助我们赢得好心情。任何时候，任何情况下，我们唯有积极主动，才能摆脱沮丧绝望，也才能让我们的人生充满希望。

1998年7月21日，中国体操运动员桑兰，在进行纽约美好运动会赛前训练时，不幸跌落，导致颈椎受伤。从此，原本默默无闻的她受到了祖国人民和美国民众的关注。当时，桑兰只有十七岁，正值人生花季，也有着锦绣前程。然而，严重的伤势使她不得不面对残酷的命运，她未来的人生只能在轮椅上度过。桑兰很乐观，她非常积极地面对伤残，而且从受伤后第一次出现在公众视野中，就始终面带微笑，表现出积极乐观的精神。

在美国进行将近一年的治疗后，桑兰回到祖国进行康复治疗。后来，她还积极学习文化课程，参加各种公益行动，最终成功地“站”起来了。对于桑兰的表现，美国民众赞美她代表了中国人民的光辉形象。祖国无数关心桑兰的民众，也被她的精神感染和鼓舞。如今的桑兰，已经成为母亲，拥有健康可爱的儿子。她为很多公益事业奔走呼号，也为无数人点燃了心中的火炬。

对于一个年仅十七岁的花季少女而言，高位截瘫显然是很难接受的。曾经如同精灵一样舞动的“跳马王”桑兰，如今只能在轮椅上度过剩下的生命。假如没有坚强的精神作为支撑，假如她不曾始终鼓舞和激励自己，她一定会非常伤心绝望，导致人生戛然而止。幸好，桑兰很乐观，也始终没有放弃希望，所以才能不断努力，扬起自己生命的风帆。

（1）生活中，我们的情绪时常如同过山车，时而高兴，时而失落。当觉得心情很差时，我们不如采取积极的自我心理暗示，从而帮助自己恢复好心情。

（2）我们必须知道，无论我们心情如何，人生总是要继续向前。因而，我们必须及时调整心情，勇敢面对人生。

（3）佯装高兴，渐渐地，我们就会真的变得高兴起来。所以朋友们，对着镜子里的自己笑一笑吧，你会发现你很快就开心起来了。

积极调整状态，远离负面情绪

通常情况下，人们认为健康的身体是美好生活的基础，而愉悦的心情则是幸福生活的血脉。任何人，如果没有积极快乐的情绪，而是被负面情绪紧紧包裹，则一定会远离幸福，导致人生被负面情绪绑架。

然而，人生总不会是一帆风顺的，命运常常非常调皮，会捉弄我们，甚至还会反复无常，导致我们哭笑不得，无法得到善待。在这种情况下，如果我们因为一时的失意就陷入懊悔和悔恨之中，我们的人生一定会黯然失色。而且，人生短暂，如同白驹过隙。这个世界上根本没有后悔药可卖，一切沮丧绝望、懊悔不已的情绪都将会于事无补。而且，我们也会因此失去对自身的把握，导致人生更加糟糕。从这个角度而言，我们没有必要因为自己曾经的过错念念不忘，也不必因为人生的一时失意痛苦不堪。记住，人生一切的历练都是为了使我们的明天更加美好，而且人生中的所有经历，不管是悲哀的还是欢喜的，最终都会成为人生最宝贵的经验和财富。所谓不经历无以为经验，哪怕我们读万卷书，行万里路，最终也必然要亲身经历，才能使人生的经验越来越丰富。

很久以前，有个人拎着油瓶行走在路上，不小心被一块高高凸起的石头绊倒了，油瓶也碎掉了，油全都流出来了，这个人却站起来，径直朝前走去。这时，路人看到他的表现，大声冲着他喊道：“喂，你的油瓶碎了，油全都洒了。”他依然没有回头，还是接着朝前走。路人见状很费解，因而特意赶到他的身边，问：“你的油都洒了，你怎么无动于衷呢？”他不以为然地说：“既然油已经洒了，我也没办法啊，我不能把油再次复原。既然如此，天马上就黑了，我必须赶紧回家啊！”

乍一听到这个故事，的确觉得很费解。因为大多数人不小心摔坏了东西，一定会感到懊悔沮丧，还会停留下来进行无谓地感慨唏嘘。实际上，这个人的行为完全是明智的，的确，他无法把油复原，而且油的确已经洒了，无论他多么懊悔沮丧，都无法使事情得以恢复。既然如此，何必为了一瓶已经洒了的油感到悲伤呢！遗憾的是，生活中有很多人都不明白这个道理，更做不到如此洒脱。

有一次，一位老师为学生们上实验课。他拿着一瓶牛奶走上讲台，突然之间把牛奶倒入实验室的水槽中。学生们全都费解地看着老师，老师沉默片刻，才意味深长地学生们说：“同学们，牛奶已经流入下水道里。我只想告诉你们，既然牛奶已经流光了，无论你们如何懊悔，都无法使牛奶失而复得。因此，对于任何人而言，最重要的是想方设法避免牛奶被打翻。而一旦牛奶被打翻了，就不要为已经打翻的牛奶而哭泣。做好以后的事情，才是最重要的。”老师以一杯打翻的牛奶就告诉了同学们一个深刻的道理：永远不要为打翻的牛奶而哭泣。

在这个世界上，我们通过努力也许的确可以改变很多事情，每个人都不能改变的就是时间和已经发生的事情。我们可以为即将发生的事情做好准备，从而帮助自己赢得最美好的未来，但是很多事情一旦变成过去式，就再也无法改变。明白了这个道理，我们才能做到不为已经发生的事情懊丧，也能够积极调整自身的情绪，以更好的状态投入生活之中。

人生在世，很多事情都是人力所无法控制的。我们唯有尽心尽力，做好自己能做的一切，才能顺其自然，坦然接受命运的安排。当然，因为人是情感动物，所以每个人都难免因为各种意外或者不如意的事情，导致情绪产生波动，心情受到影响，这也是人之常情。除了从心理上对自己进行调节之外，还可以采取其他的方式帮助自己舒缓情绪，变得积极乐观。朋友们，最重要的是要有一颗快乐向上的心哦！

1.运动能够很好地舒缓压力，尤其是诸如游泳、滑冰等全身运动，不但能够帮助人们增强体质，更可以帮助人们消除压力，恢复良好的情绪。

2.人们常说，“心静自然凉”。意思是说，不管天气多么炎热，只要内心清净，就会感到清凉。尽管这有些涉嫌唯心主义，但是从心理学的角度而言，也告诉我们平静的心态对我们的心绪将会产生很大的影响。因此，我们可以经常静坐，静心冥想，这样才能做到心怀宽大，心胸开阔。

3.当内心感到劳累的时候，为了使内心得到休息，让身体劳累是很好的方法。适当地流汗，可以帮助人们缓解内心的焦虑不安，诸如可以健走，或者是进行各种伸展运动，使内心与身体一起得到舒展。

4.很多人在心情不好的时候喜欢整理东西。的确，当内心凌乱不堪，把周围的环境整理得秩序井然，也就可以让我们的内心随之变得更加整齐，井井有条。因此，心绪杂乱的时候，既可以整理办公桌，也可以收拾自己的房间，还可以对全家进行大扫除。这样不但能够及时转移注意力，也可以让我们的内心充满正能量。

第12章

忘记不快，洒脱的人生更快乐

心中常有喜乐，身体常保健康

笑是一种简单而又愉快的运动，幽默产生的时刻，也正是人的情绪处于坦然开放的时刻。幽默和健康是分不开的，例如“心中常有喜乐，身体常保健康”。古罗马人相信笑应该是属于餐桌上的，因笑能促进消化。学会了苦中作乐，你就窥见了通向身心健康的门径。

祖逖（266—321），字士稚，范阳逎县（今河北涞水）人，东晋初期著名的北伐将领。祖逖性格旷达，仗义疏财，乐善好施，胸怀坦荡，具有远大抱负，但是却不好读书。后来，进入青年时代的他终于意识到自己知识上的贫乏，深感不读书无以报效国家，于是就开始发奋读书。他广泛阅读书籍，认真学习，从中汲取了大量丰富的知识，学问大有长进。祖逖24岁时，曾有人推荐他去做官，他没有答应，仍然不懈地努力读书。

后来，祖逖和幼时的好友刘琨一起担任司州主簿。他与刘琨两人的感情深厚，不仅常常同床而卧、同被而眠，而且还有着共同的远大理想：建功立业，成为国家的栋梁之才。

一次，半夜里祖逖在睡梦中听到公鸡的鸣叫声，他一脚把刘琨踢醒，对他说："你听见鸡叫了吗？"刘琨迷迷糊糊地说："半夜听见鸡叫不吉利的。"祖逖说："我不这样想，咱们以后干脆听见鸡叫就起床练剑如何？"刘琨同意了。于是他们每天听到鸡叫后就起床练剑。春去冬来，寒来暑往，从不曾间断过。

功夫不负有心人，经过长期的刻苦学习和训练，他们终于成为能文能武的全才，既能写得一手好文章，又能带兵打胜仗。后来，祖逖被封为镇西将军，实现了他报效国家的愿望；刘琨做了征北中郎将，兼管并、冀、幽三州的军事，也充分发挥了他的文才武略。

人生没有绝对的苦乐，万事万物都是可以相互转化的，只要我们有快乐的内心，再大的苦也只是浮云掠过罢了。人生无绝对，想要人生变得广阔，就要多欢喜，多微笑，因为快乐才是人生不断向上的动力。

从苦难中找到快乐是一种灵魂洗礼般的人生考验。苦难既能折磨人也能锻炼人，我们要做的就是化苦难为人生的精神财富。能够苦中作乐的人会把苦难当成人生的一块垫脚石，能化腐朽为神奇。

如果无法拒绝苦难，那就承受下来；如果想远离灾难，那就要学会在苦难中抗争。而选择抗争苦难的最好方式，莫过于苦中作乐。因为，如果一个人在苦难中还能拥有幽默感，利用不利的因素为自己创造有利的条件，并把欢乐带给周围的人，那他还有什么战胜不了的呢？

1.不要被自卑心所驱使

悲观的人说："蔷薇有刺。"而乐观的人则说："刺里有蔷薇。"自卑往往是忧愁的根源，一个快乐的人，并非完全没有自卑的时刻，但他能把握自卑，不轻易受它驱使，而且快乐的人懂得将自卑化为动力，使自己过上丰富多彩的生活。

2.做一些让人心境平顺的运动

中华民族传统的气功、印度瑜伽等，已被心理学家、养生专家从科学的角度进行研究，得到了“宁神除烦”的印证。潜心人静之时，人的生理机能处于有序状态，意念的引导和快语默诵，实际上起到了“心理反馈”的作用。

3.在细节处愉悦身心

苦中作乐还表现在很多细节上，对着镜子练习一下微笑，少抱怨、多微笑是人们苦中作乐的不二法宝。天气晴朗的时候抬头看看湛蓝的天空，晚上数一数天上的星星，一个人静静地享受寂寞。即便是种辛苦难言之事，如果处理得法，也自有其可乐之处。

4.面对苦楚，请从容面对

如果你能从容面对艰难困苦，那你就能在苦难中品味到真正的快乐。所谓“大乐苦中来”，不经一番寒彻骨，怎得梅花扑鼻香？乐是在苦的衬托下才得以存在的。真正的乐需要经过苦难的淬炼才能绽放光芒。面对苦时，不妨保留一份从容，耐心品尝苦中之甘。

有苦有甜，生活才会够味，才会多彩，你才能磨练出一个更加强大的自己。用一种积极向上的心理去面对人生，迎接挑战，并努力打破一切烦恼、忧虑的屏障，你就获得了一半的成功。

想要活得轻松快乐，那就放下身上的重负

王嘉嘉和谭笑在同一所幼儿园教学，她们都是年轻人，关系很不错，平时她们互相学习，互相帮助，就像姐妹一样亲密。今年5月份，学校要提拔一名优秀的老师作为干部培养，经过重重考核和筛选，王嘉嘉和谭笑成为了最后候选人。王嘉嘉为了获得这个提升机会，有意无意地在领导面前指出谭笑的缺点和不足，让谭笑备受伤害。但是，最后谭笑得到了提升，王嘉嘉落选。无独有偶，王嘉嘉分到了谭笑的小组，谭笑不能原谅王嘉嘉的伤害，处处为难王嘉嘉不说，就算王嘉嘉诚恳地向她道歉，她也不肯接受。最后王嘉嘉只好辞职离开了这家幼儿园，小组的其他老师不明其中原因，纷纷申请调换小组，谭笑的工作业绩可想而知，上任不到三个月就降职了。

在生活中我们会遇到很多不顺心的事，也会遇到很多不同道的人，如果不学会原谅，就会让自己过得很纠结，活得很累。学会原谅，是一种风度，一种心态；学会原谅就好比给人际关系涂上一层润滑剂，能让我们在与人相处时更自在；学会原谅，还能体现一个人的优雅。

梁洛洛和陈翔相爱了，两人都曾经怀着对纯真爱情的美好憧憬。陈翔曾信誓旦旦地对梁洛洛说，这辈子非她不娶，梁洛洛感动得泪流满面。

后来，因为家庭的种种阻挠，陈翔在无奈之下，就和另外一个女孩结婚了。梁洛洛听到这个消息，感觉自己的心都要碎了，万念俱灰。她想以死来了却此生。然而，正当梁洛洛准备吞下安眠药的时候，她的脑海中突然跳出一个念头：我死了，那不就便宜他了吗？他也太省心了吧？我要

活下去，一生不嫁，并报复他，折磨他，让他愧疚一生，不安一生，痛苦一生。

这期间，梁洛洛几乎每天都要到陈翔家的门前，她并不做什么，只是不停地去打扰陈翔的妻子以及他的孩子。当陈翔主动和她搭话，一次次尝试向她道歉的时候，她却置之不理。梁洛洛能感受到陈翔内心所遭受的良心的谴责，但看看自己孤灯清影的寂寞，她就觉得这一切都是他造成的，他必须要付出代价，她坚持自己的报复。

就这样，梁洛洛每天都在痛苦中度过，最后她得了抑郁症，抑郁而终。悲哀的是，直到生命的最后一刻，梁洛洛也没有感受到报复带给她的任何的快感，反而感觉自己的生命太过苍白。梁洛洛不断地回味、咀嚼着自己的过往人生，她发现自己从来没有一天快乐过。在这段时间中，她的冰冷，让所有的朋友都远离了她，她从来没有真正对周围的人笑过。就这样，她在怨恨中离开了大家。

有时候，善待他人，就是善待自己；原谅他人，就是原谅自己。当我们被他人伤害时，完全没有必要将自己绑在他人的过错上，用别人的错误来惩罚自己，更没有必要为了逞一时之气，报复他人或者伤害他人。那样只会让情况越来越糟，毁掉许多人的幸福。如果因为他人的过错而赔上了自己的一生，那该是多么愚蠢和悲哀的一件事啊！

坏情绪是一个人心中的重负，就像是身上背着个大石头，随着坏情绪的增多，身上的石块也会慢慢增加，自己就会疲惫不堪。如果你不肯原谅他人，不懂放下身上的石块，你以为你在折磨他人，其实你折磨的是你自己。所以说，想要活得轻松快乐，那就放下身上的重负吧，原谅别人也就解脱了自己，何必苦苦难为自己呢？

1.不要过度苛求别人

“水至清则无鱼，人至察则无徒”，对别人过于苛求，往往使自己跟别人合不来。社会是由各式各样的人组成的，有讲道理的，也有不讲道理的；有懂事多的，也有懂事少的；有修养深的，也有修养浅的，不能要求别人讲话办事都符合自己的标准和要求。

2.度量有多大，福气就有多大

“人的度量有多大，福气就有多大”。度量，说白了就是宽容的程度。一个人的度量，决定着他做人做事的风格，决定着他与朋友交往的方式。人与人之间的交往，是靠一颗宽容的心维持的，不懂得宽容的人是孤独寂寞的，更是得不到他人信任的。

3.别太在意小利益

很多时候，人们的矛盾源于利益的冲突。那些“伤害”别人和感觉被人“伤害”的人，大都是因为太在意自己的利益。如果我们能做到不计小利，那么就可以避免和别人起冲突，即使起了冲突，也能以平静的心态面对，能够宽容别人，让事情得到圆满的解决。

生活中有很多小事都是这样。“忍一时风平浪静，退一步海阔天空。”原谅他人，不代表丢了自己的脸，也不是一种屈辱，而是一种度量和气魄，一种敢于面对过往的精神。如果积怨过多，你给我使个绊子，我就给你下个圈套，冤冤相报，又何时才能了呢？

别和自己过不去，才能让生命更加精彩

当我们看到亲朋好友难过或者愤恨的时候，我们常常会说一句话“放宽心，不要这样跟自己过不去”，是啊，作为旁观者，这点我们都懂。可是事实上是，当自己亲身经历的时候，也是重复地做着一件事：跟自己过不去。人总是很容易原谅自己，不过，这只是表面上的饶恕而已——如果不这么自我安慰的话，如何去面对他人？但在深层的思维里，我们仍然会对自己的一些所作所为感到愤怒和不满，总是会反复地责怪自己：“为什么我会那么傻？当时要是细心一点儿就好了。”或是：“我真笨，这种低级的错误怎么也会发生？”想一想自己有没有犯过严重的错误，如果能想出来，那你一定还对它耿耿于怀，而未真正宽恕自己。

是啊，不要苦苦为难自己了，想要做到这一点，真的是需要一种良好的心态。倘若我们明白心态的重要性，学会调整，让自己的心更为宽广更为坦荡，那么就不会出现折磨自己、与自己过不去的情况。仔细观察周围就会发现，在我们平静的生活中，大多数人都是亲切的、富有爱心的，也是宽容的。如果你犯了错误，而且真诚地希望得到他人的宽恕时，绝大多数人都不会再对你怒目而视，他们不但会原谅你，而且会把你的过错忘得一干二净。

可惜的是，我们这种宽容的态度对所有的人都一样，唯独对一个人例外，那就是我们自己。

美国权威心理学家——认知心理学创始人艾伯特·埃利斯指出：人

的一生中总会犯很多错误，如果对每一件事都深深地自责，老是生自己的气，一辈子都背着沉重的负担生活，则不能走得太远。犯错对任何人而言，都不是一件愉快的事情。一个人遭受打击的时候，难免会感到愤怒和不甘。人生中似乎愤怒太多，快乐太少。

有这样一个年轻人，他的生活中充满很多困惑，于是有一天他背着自己的包袱长途跋涉去拜见一名非常有威望的老师傅，他说：“老师傅，我是那样地孤独、痛苦与寂寞，长期的跋涉使我疲倦到极点；我的鞋子破了，荆棘割裂双脚；手也受伤了，流血不止；嗓子因为大声呼喊而喑哑……为什么我还不能找到心中的阳光？”

老师傅问：“这么大的包袱装了些什么啊？”年轻人说：“这些都是宝贝啊。里面装的是我每一次跌倒时的痛苦，每一次受伤后的哭泣，每一次孤寂时的烦恼。依靠它，我才走到了你这儿来。”

老师傅随后带着他到河边，他们坐船过了河。到了岸上，老师傅说，“你扛着船赶路吧！”“什么，扛着船赶路？”年轻人很惊讶，“它那么沉，我扛得动吗？”“是的，你扛不动它。”老师傅微微一笑，说：“过河时，船是有用的。但过河后我们就要放下船赶路，否则它会变成我们的包袱。痛苦、孤独、寂寞、灾难、眼泪，这些对人生都是有用的，它们能使生命得到升华，但长久不忘，就成了人生的包袱。放下它吧！孩子，生命不能太负重。”年轻人放下包袱，继续赶路，他发觉自己的步伐轻松，比以前快得多。

其实，我们没必要活得如此累，放下心里的包袱，那么你就是一个轻松愉悦的人。朋友们，只有学会了放弃那些苦难与痛苦，我们才能有更好的心情去走向未来。别和自己过不去，才能让生命更加精彩。

张先生依靠多年的打拼终于拥有了一家自己的公司，过着让人羡慕的富足生活。可是，随后没多久，他禁不住一家证券公司股票经纪人的鼓动，把自己的积蓄全部投资到了股票市场。天有不测风云，金融风暴就在这个时候从华尔街呼啸而过，股票市场顿时一片黑暗，他投入的资金在几天之内就被吞噬得一干二净。于是张先生瞬间倾家荡产。

从此以后向来性格开朗的他常常把自己关在家里偷偷地哭泣，晚上噩梦不断，精神状态很差，几乎到了崩溃的边缘。曾经因过度后悔，张先生试图自杀，幸亏被家人及时发现，才避免了悲剧的发生。他一直对自己的投资失败耿耿于怀，感到后悔，因此一蹶不振，失去了重新振作的勇气。

许多人都会像事例中的张先生一样，在犯错和失败之后，无法原谅自己，甚至会憎恨、伤害自己，进而影响到现在乃至未来对待生活和工作的态度。如果这样的憎恨过于强烈，就会使自己沉溺在失败的悔恨中，无法看到希望的曙光。因此需要换个角度想一下，已经失败了，再对自己进行惩罚，又有什么用呢？

宽心是调整心态，保持良好情绪的一大法宝。观察一下，你是否看出身边那些心胸豁达的人每天都活得比那些心胸狭小的人更为欢乐呢？是的，做一个开心的人，做一个看得开的人，不纠结于过往，不沉溺于悲伤，相信这样的明天会更加的美好。

只有遗忘了不快，才能更好地前进

人生在世，正如失败伴随着成功，忧虑与烦恼有时也会伴随着欢笑与快乐。如果一个人的脑子里整天胡思乱想，把没有价值的东西也记存在头脑中，那他或她总会感到前途渺茫，人生有很多的不如意。所以，我们很有必要对头脑中储存的东西，给予及时清理，把该保留的保留下来，把不该保留的予以抛弃。那些给人带来诸多不利的因素，实在没有必要过了若干年还耿耿于怀。这样，人才能过得快乐洒脱一点。

《列子·周穆王》里就记载了一个因记忆而苦、因遗忘而乐的故事：

宋国有个叫华子的人患了遗忘症，“朝取而夕忘，夕与而朝忘，在途则忘行，在室则忘坐，今不识先，后不识今”“荡荡然不觉天地之有无”。后经一神医治好了病，使其把平生数十年的存亡得失、哀乐好恶都记忆起来，回到了现实的人生。但他又记得太牢，“忧忧万绪，须臾不忘”，以致怒而黜妻罚子，操戈逐人，弄得鸡犬不宁，还不如患遗忘症时活得开心。

生活充满酸甜苦辣，如果任何琐事都要记在心里，那我们该有多累啊！该忘的就忘记吧！何必整天让自己身心疲惫呢？心里的烦恼少了，我们才能开心地生活。只有学会遗忘，方能将失望变成乐趣，将抑郁升华为一种欢悦。

曾经有个年轻人不幸身得绝症，不久，当他知道原来自己在这个世上没有多久的岁月时，他仍旧看着跟平时一样充满着欢乐。一次次的化疗让他一头黑发渐渐掉光了，可是他却在朋友面前说：“就算是光头我也比你们帅气，对不对？”朋友虽为他难过，却也为他的这种心态感到欣慰。他还对自己的父母说：“等我走的那一天，你们一定不要哭，要笑着为我送别，因为我去了天堂也是一个快乐的天使，保佑着你们幸福安康，请不要让我牵挂。”在他弥留时，他的父母早已哭成了泪人，这个年轻人却只微微地动了一下手中的本子，示意着让母亲看，那是他的日记本。走到他的面前，母亲笑了，是带泪的笑。他也笑了，是欣慰的笑，最后他轻轻地闭上了眼睛。他的日记本写着这样的话：“亲爱的爸爸妈妈，你们千万不要为我流泪，为我伤心。忘记我的离去就等于我在你们心中活着，我是太阳的孩子，我的心中充满阳光，请你们在我离别的时候笑一下，让我生命的最后一刻也印上太阳的微笑吧！”

这个年轻人的心态真的是令人折服，即便是生命的最后一刻，他也活得洒脱而又乐观。因为他明白，不能给别人带来快乐幸福的记忆，就应遗忘。

“记忆”是美好的，有时也是让人变得成熟、获得快乐和幸福的一种方式。但是，有时人们却忽略了“遗忘”的功能与必要性。生活中，许多事需要记忆，同样，有许多事也需要遗忘。

只有遗忘了那些不快，才会更好地前进。

1.不断向前看

人活一世，不能被眼前的事物牵绊而无法前行，要懂得往前看。一路有收获也有失去，所以淡然一点你才能过得更好。没必要的就放下吧，何必苦苦难为自己呢？只需要将那些快乐的和美好的，珍藏在生命里。当然对于那些荣誉，我们只需要记在心里就行了，俗话说：“好汉不提当年勇。”不需要经常拿出来炫耀，而是要明白活在当下，才是向前看的动力。

2.快速忘记所有的痛

时间是一剂良药，能治愈所有的伤痛。如果有些事情注定是痛苦的，那长痛不如短痛，早早地在短时间里学会释怀吧。如果长期在过往里迷失了自己，那么你的痛就会不断增加。因此，不管经历怎样的风雨和疼痛，对自己说：忘记吧，一切都会过去。

3.遗忘不好的自己

人非圣贤，孰能无过，我们只是普通人，所以过去或者现在或者将来都会犯错误。但是过去的已经是昨天，我们要遗忘掉自己的那些不好，努力做一个新的自己，这样才是该做的事情。遗忘不好的自己，也是原谅自己曾经犯下的错，不要活在自责里，因为也许对方已经遗忘了。遗忘不好的自己，未来才能拥有一个更好的自己。

过于沉浸在自我的痛苦中惹人厌弃

鲁迅先生笔下的祥林嫂给大多数人都留下了深刻的印象，起初，大家还同情祥林嫂的遭遇，但是随着祥林嫂讲述的次数越来也多，人们的同情渐渐消退，大家开始抱怨祥林嫂无休无止的讲述，也不愿意倾听祥林嫂的讲述了。尽管大多数人都知道祥林嫂不应该始终沉浸在痛苦中惹人生厌，但是现实生活中也不乏有很多人和祥林嫂一样，他们不知不觉中就成为祥

林嫂的翻版。诸如，有个人在工作上表现良好，但是却在有晋升机会的时候，因为没有过硬的关系，被别人顶替了，受到了不公正的待遇。为此，他每天都四处向同事、朋友讲述这件事情，喊冤叫屈，渐渐地，别人从同情他到否定他，甚至还觉得向他这样啰哩啰嗦的人，就不应该得到提拔，也根本不适合当管理者呢！

不光工作中有祥林嫂，生活中也有很多祥林嫂。现代社会，人与人的关系越来越微妙，很多人都因为处理人际关系感到非常烦恼，甚至怨声载道。诸如一直以来最为敏感的婆媳关系。现实生活中，大多数婆媳之间的关系都不是很好，有些媳妇抱怨婆婆没有把自己当亲闺女看待，却没有想到自己也从未把婆婆真正当亲妈对待。既然如此，彼此就都不要提出过高的要求。既然两个原本毫无瓜葛的女人因为一个男人有了联系，那么就都要牢记一个原则，即为这个男人好，爱这个男人。从这个最大的共同点出发，婆媳之间一定会更好相处的。假如婆婆整日对着媳妇挑刺，媳妇怎么看婆婆都不顺眼，这样婆媳怎么可能融洽相处呢！

此外，与朋友、同学、同事以及诸多人之间，我们都要坚持这样的相处原则。任何时候，都不要过于苛责对方，而要宽容对待他人。哪怕他人有心或者无意做出错事，我们也要理解他人，从而帮助自己经营好人际关系，建立良好的人脉。

很久以前，有两个朋友结伴在沙漠中旅行，沿途上，他们发生争执，彼此激烈地争吵起来。其中，甲还一气之下扇了乙一个大耳光，乙伤心极了，他一语不发，在沙地上写下一行字：“今天，我和好朋友之间因为小事发生争执，他一气之下打了我。”不过，他们并没有分道扬镳，而是继续一起前行。很快，他们来到了海边。经过炎热缺水的沙漠生活，他们全都迫不及待地跳进清凉的海水中，开始洗澡。然而，甲不小心在海水中腿脚抽筋，眼看着就要沉入海底，这时候乙奋不顾身地游过去，将其救上来。甲呛了很多水，被乙抢救过来后，他在岩石上用刀刻上一行字：“今天，我的好朋友奋不顾身救了我的命。”看到甲的行为，乙不解地问：“你打我的时候，我只是写在沙地上，现在你为何又要刻到石头上呢？”甲想了想，回答：“你对于不愉快的事情，写在沙地上很快字迹就会消失，说明不会因此斤斤计较。但是对于你的恩情，我必须铭刻在心，所以要刻到石头上，这样才能时刻提醒我你的救命之恩，而且历经岁月和风雨，字迹也不会消失。”

把自己受到的伤害和生活中的不愉快，写在沙地上，很快就会消失，而把那些值得铭刻的恩情刻在石头上，才能铭记终生。曾经有人说，我们只需要花一分钟就能找到与众不同的人，却要用一个小时的时间了解他，用一天的相处渐渐喜欢他，但是要想忘记他的好处，必须穷尽一生。假如人与人相处都能知道何时把心事写在沙地上，尽快忘记，何时把心事刻在石头上，永远铭记，那么人们彼此之间的关系一定会越来越和谐融洽，人际关系也一定会越来越好。

（1）人生不可能永远都是快乐的，很多时候，我们也会有不快，甚至还会产生愤怒。但是，我们要学会适时忘记这些使人消极低沉的情绪，而要更多地铭记生活中的愉快，这样才能让一切都发展得更加顺利。

（2）朋友们，我们一定要时刻提醒自己，不要成为新时代的祥林嫂。任何时候，我们都要更加珍惜生活中积极乐观的心态和情绪，才能让自己的人生变得阳光灿烂。

（3）学会遗忘吧，生活中最悲哀的事情，就是记住不该记住的，忘记不该忘记的，因此铭记和遗忘千万不能相互颠倒。

为生活中的“小幸福”而欢呼

生活中，很多人活得太累，他们总是抱怨自己生活乏味、不幸福，总是情绪不好，其实，并不是因为他们的生活真的不幸福，而是因为他们总是看到事物不好的一面。而如果能多用美的眼光看事物，那么他们就能心情愉悦，收获一路的风景。其实，人生的路很长，很长，相信快乐与幸福一直在路上，只等一颗宁静和细致的心去发现。

法国雕塑家罗丹说：“这个世界不是缺少美，而是缺少发现美的眼睛。”那些心平气和的人还有一双眼睛，它不是长在脸上，而是长在心中的，心智的眼睛。这双眼睛比自然造化的那双眼睛更为重要。因为从这双眼睛中，人们看到更为美丽的、细腻的世界。

有位老人非常爱摆弄盆景，所以在栽种盆景上投入了很多时间。

有一天，老人要外出。在临行前，他特意嘱咐儿子：一定要细心地照顾好家里那些他看得跟命一样重要的盆景。

在老人外出期间，儿子很精心地照料着这些盆景。尽管如此，花架上还是有一个盆景在儿子浇水时不小心被碰倒了，打碎了。儿子因此非常害怕，准备着等父亲回来后接受处罚。老人回来后知道了此事，不但没有责备儿子，还说：“我栽种盆景是用来欣赏和美化家里环境的，不是为了生气的。”

老人说得好，他不是为了生气才栽种盆景的。盆景的得失，并不影响老人心中的悲喜。气由心生，如果无欲无求，了无牵挂，则气无处生。人不是为了生气而活着的，只有心平气和，才不会愚蠢到去拿别人的错误来惩罚自己。

那么，从现在起，我们不妨多用美的眼光看问题，为生活中的“小幸福”而欢呼，我们眼里的一切都将是美好的：当清晨醒来，你便不会再为忙不完的工作而烦恼，而是看到晨曦斜照，小鸟鸣啾，你呼吸到的每一口空气都是那么清新；在一场缥缈的秋雨之后，站在宽大的窗前，你也不再感受到凉意，而会看到晶莹的雨珠从树枝上滑落；雨洗后的草坪愈加葱郁和青翠，孩子们快乐地在上面嬉戏、打闹的时候，你也能感觉到生活的惬意与美好。的确，幸福常常是如此简单，简单到一句话，一首诗，一个清晨，一个问候，一个场景。简单到我们日常生活中的点点滴滴，都无不蕴藏着幸福。我们要为每一次日出，草木无声的生长而欣喜不已；我们要重新向自己喜爱的人们敞开心扉；我们要热情地置身于家人、朋友之中，彼此关心，分享喜悦。

我们若想忘去不快，得到幸福，就要学会用美的眼睛看待事物，发现生活中细腻的幸福。生活越简单，幸福快乐越多。我们需求得越少，得到的自由就越多。多一分舒畅，少一分焦虑；多一分真实，少一分虚假；多一分快乐，少一分悲苦，这就是简单生活所追求的终极目标！

第13章 放下包袱，消极情绪需要及时倾吐

适当倾诉能够帮助我们更好掌控情绪

在生活中，我们每天都面对着各种压力、烦恼、挫折、不顺，而一些负面情绪也伴随而生。有些人只是一味地将这些情绪压抑在心中，而心中积压的消极情绪超过了所能承受的极限，便很容易引发一系列的心理疾病。

其实光压抑自己的情绪并不是解决问题的办法，不如学会倾诉，将心中的闷气和愁绪都说出来，那么原本积压在内心的消极情绪也就消除了。每个人在伤心、不快的时候，都需要一个倾诉的对象。倾诉，不只是倾诉自己消极情绪的一个过程，也是朋友间沟通感情，增进情谊的过程。同时，在倾诉的过程中，那些消极的情绪也就烟消云散了。

一天夜里，玲玲突然接到了高中同学小刘的电话。玲玲这才得知小刘在高考中失利，与大学失之交臂，后来他又经历了亲人的离世、创业的失败、失业……

小刘刚刚已经准备好了安眠药准备自杀。在准备告别人世前，突然想起了曾经关系要好的玲玲。得知小刘在放下电话后就要自杀，玲玲紧张得手足无措。

强忍着恐惧与紧张，玲玲听小刘侃侃而谈。小刘从昔日的同窗情谊谈起，聊到找工作的艰辛，再到如今面临的生活困境，说着说着泣不成声。玲玲除了“嗯、嗯”回声，就是用心倾听。

小刘倾诉出自己心中的情绪后，感觉好多了，也放弃了自杀的念头。

短短的一次倾诉，竟让小刘对生死作出了重新选择，他的人生也有了新的开始。

曾经有人这样说，当你将痛苦向他人倾诉时，你的痛苦就少了一半。尽管只是简单地倾诉出自己心中的情绪，但给人的影响却是深远的。倾诉是一种十分简单、有效的发泄方式。通过倾诉，你的心灵得到净化，你的情绪有了出口，从而能以更加积极、乐观的心态去迎接未来的各种挑战。人们通过倾诉发泄自己内心的情绪，并且不会危害到他人。

向朋友倾诉，具有以下几点操作诀窍：

1.注意选择

对于倾诉的地点和场合都要有所选择，不然只会让事情更加糟糕。曾有专家建议：“无论是朋友，还是亲人，你都可以依赖。但是，你必须找到在你压力大时，真的能帮助你的人。”若你选择的倾诉对象的抗压能力不如你，那么只会增添你的烦恼，甚至他的情绪也会被你影响。所以，倾诉的对象也要有所选择。

2.多交几个知心朋友

每个人都需要朋友，更需要知心朋友。这样当你遇到快乐或者不快乐的事情，就都有可以倾诉的对象，何不平时多交几个知心朋友呢？快乐，可以和朋友分享；痛苦，也可以和朋友倾诉。

善待自己，不把闷气憋在心底

在现实生活中，许多人将气愤的情绪闷在心中，不知道发泄，这就是所谓的生闷气。虽然这样的人不轻易表现出自己的情绪，但是他们也不能称之为生活的勇士。

喜欢生闷气的人，常常将那些消极的情绪深埋在心底。其实，生闷气是一种自我折磨。生闷气的原因并不一定是遇到不好的事情，更多的是人的主观内在因素。观察身边的人，我们就会发现，那些性格相对比较内向的人往往爱生闷气，当他们遇到不如意的事情的时候，不愿意去发泄自己的情绪，使那些消极的情绪积压在心中，常常感觉到痛苦、悲伤。事实上，若将心中的不快发泄出来，他们也就不会那么痛苦了。

生闷气就是自己和自己过不去的表现。聪明的人都懂得自我调节情绪，遇到不愉快的事能够不想它或驱走它；而习惯生闷气的人则不然，他们常把那些伤心、抑郁等情绪郁积在自己的心中，不知道给消极情绪找一个发泄的出口。因此，想要善待自己，就应该学会调节自己的情绪，千万不要将闷气积压在心中。

张先生是一个性格内向的人，也没有什么朋友。遇到不顺心的事情的时候，他只是积压在心底，即使在家里也不向妻子诉说。

由于他的沉默寡言，在公司也没有什么谈得来的同事。若在工作中遇到了不好的事情，他也会生气，但一直沉默以对，从来没和别人说过。直到前几天，一个大型合作的项目出现了重大的纰漏，本来和他没有多大关系，但同事们把责任都推到了他身上。张先生怒火攻心，但还是习惯性地保持沉默，但内心十分难受，然后突然晕倒在地。送医院抢救之后，医生说，张先生由于长期精神紧张，诱发高血压和冠心病，需要马上住院进行治疗。

从心理上讲，生闷气是一种不愉快的情感，是一种对我们的健康有危害的消极的情绪。中国古代曾有“百病之生于气也”“怒伤肝、忧伤肺”的说法。生闷气可以使内脏活动和内分泌系统失常，造成食欲不振，消化不良。长期生闷气还会导致心脏病、高血压等疾病。所以，若你有爱生闷气的习惯，应该学着改掉它。

怎样消除爱生闷气的毛病呢？可试用以下方法：

1.拓宽心胸

凡事想开些，生活中也就没有那么多令自己生气的事情了。有梦想、有追求，心胸自然就会变得开阔。心胸开阔，自然能与人和谐相处，自然能少些悲伤和失落。一位哲人说过，温暖别人的火，也会温暖你自己。如果一个人只是一心追求个人欲望的满足，就会陷入永无止境的苦恼之中。何不拓宽心胸，享受更加精彩、幸福的生活呢？

2.学会排遣烦恼

一般来说，生闷气一定是某个人或者某件事引起的，若不及时转移自己的注意力，就会加剧情绪的恶化。因此在生气时，不妨试着转移自己的注意力，将自己的目光转移到一些有意义的事情上去，如运动、听音乐等。那么，心中的闷气自然就消除了。

3.扩大社交

多参加集体活动，从个人的情绪中走出来，当你融入更大的团体中，成为其中的一员时，你就会发现，你所气愤的事情其实并没有那么严重，也就能更快地从不好的情景中解脱出来。当你有了更多的朋友，就可以将那些苦闷和埋藏在心中的痛苦都向他们倾诉。能倾听你心声的朋友也能够理解你，安慰你，这样你心中的闷气就能发泄出来了。身边一时没有朋友的话，你还可以给朋友打电话诉说，这也是一种很好的排解消极情绪的方法。

4.充实知识

读书学习是消除闲愁的良方。张海迪在受到疾病折磨时，沉浸在知识的海洋中，忘记了痛苦，精神境界不断得到升华。知识能给人无穷的力量，给人强大的支持。“心灵中的黑暗，必须用知识来驱除。”书籍能助我们驱逐心中的闷气。

别让自己被不理智的愤怒控制

人生在世，并不是所有的事情都能顺心的。此时，人们就会变得伤心、失落，而生气也是其中的一种负面情绪。

其实，偶尔一次生气，对身体并无大碍，只要能够迅速走出这个情景就没有那么大的影响。生闷气反而对人们的身体健康有更大危害。研究发现，若通过合适的途径将心中的不快发泄出来，那么生气所产生的有毒化学物质，能通过加速体内血液循环而迅速排出。但如果一个人经常生气，特别是经常生闷气，则产生的有毒物质无法排出体外，只会在体内大量堆积，对人们的身体健康造成严重危害。

生闷气是一种不好的习惯。所谓生闷气就是不将心中的气发泄出来，强憋在心里的做法，这对身体的危害是巨大的。生气对健康的危害程度主要取决于气愤的强度和持续时间的长短。闷气憋在心里，不向外发泄；不良情绪压在心头，不消不散，很可能会导致我们食欲不佳、睡眠质量下降，肌体的抵抗力也随之下降。另外，生闷气只会让情绪在心中发酵，甚至超过人能够承受的极限。若此时再考虑发泄，就如同山洪暴发，即大发雷霆，或称之为盛怒，而盛怒则会对身心造成更大的伤害。

生闷气是会影响身体健康的。怎样才能改掉爱生闷气的毛病呢？

1.学着超脱、大度些

为什么人们总爱生闷气呢？遇到我们无法改变的事情的时候，不如试着改变一下自己，学着超脱、大度些，心中不快的情绪也就没有那么多了。正所谓“宰相肚里能撑船”，若能拓展自己的心胸，凡事看开一些，何愁不能消除心中的闷气呢？

2.把幽默引进生活

爱生闷气的人的生活常常是很单调、枯燥的。若将幽默引进生活，你的生活就会变得丰富多彩。你变得幽默了，自然也就不会有那么多的烦恼，也就不会经常感到苦恼、烦闷了。据医学实验证明，笑可以促进血液循环，消除紧张和烦恼。将幽默引进生活，有利于改掉爱生闷气的毛病。

3.一吐为快

遇到烦心的事，你可以找那些值得你信任又能帮你消除烦心事的朋友聊聊天，将心中的不满都说出来，这样可以使你心情舒畅，有助于更全面地了解自己的情绪，还可以在朋友的帮助下重新找回快乐的生活。

4.改变消极的心态

爱生闷气的人往往是以消极态度面对生活，总是将自己的情绪存在心中。要改掉爱生闷气的毛病，就应该将消极的态度转变成积极的态度，即遇到问题能够向好的方面看，那么就没有那么多令自己产生消极情绪的事情了。

不要让别人的玩笑，偷走你的好心情

生活需要幽默。幽默是高情商的表现，它更是自我管理应具备的心态。幽默能让矛盾消失于无形，能帮助我们调节情绪。著名的喜剧大师卓别林曾说："通过幽默，我们在貌似正常的现象中看出了不正常的现象，在貌似重要的事物中看出了不重要的事物。"

幽默可以让你在面临困境时减轻精神和心理压力。俄国文学家契诃夫说过："不懂得开玩笑的人，是没有希望的人。"这充分体现出了幽默在我们生活中的重要作用。

法拉第就能认识到幽默的重要性。他知道幽默能给人们的生活增添快乐，从而有助于人们保持心理健康。若你能够运用幽默的力量，那么你就能更好地保持心理健康，并有效地松弛紧绷的神经。

著名科学家法拉第年轻时由于工作紧张导致精神失调，患上了精神抑郁症，情绪很不稳定，虽然多次去医院进行治疗却始终没有任何改善。后来，一位名医对他进行了仔细的检查，但是并未开任何药物，只对他说了一句："一个小丑进城胜过一打医生。"法拉第开始的时候并没有领悟到它真正的意义，经过反复琢磨以后，终于明白了其中的奥秘，领悟到了幽默的重要作用。从此以后，他经常抽空去看马戏、滑稽戏和戏剧，经常开怀大笑，渐渐地，他的症状明显减轻了。

小丑利用幽默的语言和动作给人们带来快乐。而在生活中，幽默是一门艺术，是能够给别人带来快乐的好习惯。喜剧泰斗卓别林曾说："幽默是生活的好方法。"这一说法也在生活中得到了很好的验证。想活得更加快乐，就应该学会幽默。人生之路上并不是一帆风顺，现实也许并不如我们设想的那么美好，最好的办法就是用幽默化解。幽默可以帮助人们消除消极的情绪，消除悲伤、失落、抑郁和伤心。一个幽默的人往往能轻松解决生活中的很多问题，与他人和谐相处，有良好的人际关系。

那么，如何成为一个幽默的人呢？

1.扩大知识面，丰富自己的幽默词汇

幽默是一种人生的大智慧，它必须有丰富的知识做支撑。一个人只有具备审时度势的能力，有丰富的知识，才能更好地学会幽默。因此，想要成为一个幽默的人，就需要扩大知识面，丰富自己的幽默词汇。因为丰富的词汇有助于幽默感的表达，若没有丰富的词汇，就无法恰当地表达出自己的想法，那么也很难达到幽默的效果。所以，在日常生活中，我们应该注重知识的积累，从知识的海洋中汲取幽默的养分，从名人趣事的精华中获取幽默的智慧。

2.乐观地面对现实

幽默是一种宽容的体现。人们应当学会宽容大度，懂得体谅他人，同时还要积极乐观。因为乐观与幽默是形影不离的，生活中如果多一点乐观和幽默，多一点微笑和宽容，多一份体谅和乐观，那么就没有什么无法解决的问题，我们也不会整天伤心、失望了。我们想要学会幽默，就需要保持积极乐观的生活态度。

总之，幽默改变人的生活，给生活增添色彩，能让我们收获更多快乐。让我们来体验幽默的神奇力量，获得更多的幸福吧！

多多尝试，发现适合自己的发泄方式

法国作家大仲马说："人生是一串无数的小烦恼组成的念珠。"伤心、抑郁、愤怒等消极情绪都是生活中常见的情绪，而生闷气是生气的内在表现。一个人生闷气的时候，实际上就是陷入了消极情绪的阴影中，容易产生孤独感和抑郁症，缺乏积极性。想要消除闷气，让生活重新走回正轨，我们就应该学会在不断的尝试中选择一种适合自己的发泄方式，那么当自己有消极情绪的时候，就不是拼命压抑，而是用合理的发泄方式以获得内心的平静。

小张因摩托车爆胎而晚了一个小时才到公司。好不容易完成一天的工作，他的老板又把他叫过去批评了一顿。在回家的路上，他一直沉默，到家门口时，他突然伸出双手在门旁的树干上左右抚摸，然后才打开家门。一到家，他立刻笑逐颜开，先和两个孩子紧紧拥抱，再给迎上来的妻子一个响亮的吻，这才进去洗手。

他的孩子看到了他之前的举动，好奇地问他："刚才爸爸在树上做了什么呢？"小张爽快地回答："是这样的，那是我的'烦恼树'。我在外面工作，磕磕碰碰总是难免的，但不想将它们闷在心中，我可以将我的烦恼都暂存在那棵树上，第二天出门再带走。奇怪的是，烦恼往往第二天就会消失了。"

小张就是找到了适合自己的发泄方式，将快乐带回家，将烦恼、不快都抛在门外。若我们想要更好地享受生活的美好，体味人生的快乐，就应该学会合理地宣泄自己的情绪。因为人与人之间的差异性，所以发泄的方式也不尽相同。下面列举了常见的几种方式：

1.换个环境

环境对人的情绪、情感有着很大的影响。干净明亮，颜色柔和的环境，会使你产生平静、舒畅的心情。相反，吵闹、狭窄的环境，则会令人心情不畅。因此，改变环境也能起到调节情绪的作用。当你受到不良情绪的影响的时候，可以换个环境，看看外面的美景，呼吸一下新鲜的空气。好的环境能给人美的享受，美好的景色能令人心胸开阔，对于调节人的心理活动有着很好的效果。生活在美好环境中的人往往更容易获得好心情。

2.高歌释放

音乐对人们发泄心中不快情绪有积极影响，而自己放声高歌也有同样的作用。当我们有消极的情绪积压在内心的时候，不妨试着唱唱歌，或轻快的、或舒缓的、或快节奏的。唱歌时有节律的呼吸与运动都可以有效消除消极情绪。

3.学会倾诉

当你心中有情绪需要发泄的时候，你可以向自己亲近的朋友、家人倾诉自己内心的真实感受。这样做可以有效地调节一个人的情绪。当心中不快时，你可以邀请一些知己好友，在喝一杯清茶的同时，倾诉自己心中的各种消极情绪，以便获得他人的安慰或者开导。

其实，宣泄消极情绪的渠道还有很多，从唱歌到叹息、自言自语、跑步、打球等都可以起到很好的宣泄作用。由于人与人之间有文化、生活习惯等方面的不同，选择发泄情绪的方式也不尽相同。所以，我们要选择适合自己的宣泄方式。

愤怒其实也可以委婉表达

当你感到郁闷焦躁的时候，你的内心一定犹如翻江倒海一样的不安。我们都会碰到这样不安的情绪，它不仅影响我们的身心健康，还影响着我们的工作和生活。面对内心的闷气，你会选择怎样的方式来发泄呢?

霍桑工厂是美国芝加哥的一个制造电话交换机的工厂，该工厂为员工提供了完善的娱乐设施以及社保制度，但是工人们仍然感觉不满意，工作热情不高。为了探寻产生这一现象的原因，以哈佛大学教授G.E.梅奥为首的一批学者对该工厂的员工进行了一系列的研究。

在众多实验项目中，有一个“谈话试验”。专家们花费了两年多的时间和两万多名员工进行谈话，而谈话的内容主要是员工对工厂的各种不满以及意见。

而这一“谈话试验”收到了意想不到的结果，霍桑工厂员工的工作效率大幅提升。这是由于工人长期以来对工厂的各种管理制度和方法有诸多不满，而又找不到合适的发泄渠道，但“谈话试验”给他们的不满提供了一个发泄口，让他们重新恢复了好心情，自然工作效率大幅提升。

这就是心理学上著名的“霍桑效应”。很多时候，将心里的想法说出来就可以很好地发泄出那些消极情绪，而这一实验也验证了这一结论。

若总是将闷气憋在心中，不知道发泄，那么只会越积越多，最终以爆发的形式结束。有人说：“心中藏了太多事情的人，总是痛苦的。”生活中那些总是忍让的人也有可能最后忍出病来。可是，当自己情绪无法控制的时候，该如何做呢？不如试着调整自己的情绪，将心中的闷气发泄出来。这样生活才能重新回到正轨。

如果自己心中真的有什么想法，那就委婉地将自己的情绪反应告知对方，这样对方才清楚地知道你到底为什么而生气。而且，这样既可以解决与他人之间的问题，还可以消除自己心中的闷气，化闷气于无形，使自己的情绪回归于平静。因此，我们不妨试着委婉表达自己的情绪。

1.不要硬碰硬，要学会以退为进

当你和他人发生矛盾的时候，不要总想着硬碰硬，而是应该学着以退为进。这样不仅可以体现出对人的宽容，还能获得他人的尊重。假如对方是有意为难你，也不必硬碰硬，可以试着委婉地回击他，这样自己也就将心中的怒气发泄出来了。

2.机智幽默是有效的办法

很多时候，别人并不是有意针对你，所做的错事很可能是无心。为了避免破坏彼此的感情，遇到这种情况就要学会找到合适的应对办法，可以试着运用幽默的力量，从而给对方一个安慰。

3.暗示自己的不满

有时候，对他人的不满，我们可以用语言来暗示，迫使对方意识到自己的不当之处。这样不仅表达了自己的不满，还保全了对方的颜面。

4.把“不高兴”转移到对方身上

当对方有意为难你，惹你不高兴时，你也没必要和对方争论不休，可以试着转移话题，以彼之道还治彼身，如对方讽刺你年轻不知世事的时候，你可以温和地对对方说：“与您这样德高望重的老人比，我当然是一个年轻人啦！”这样不仅能给对方回击，还能体现出你的智慧。

第14章

且行且珍惜，不要拿爱情赌气

爱对方，但也别忘了爱自己

很多恋爱中的人容易失去理智，失去对事情的分析能力，有时明知道是一件不可能的事情但内心仍是选择相信。直到某一天当爱情逐渐远去，他们才恢复理智，但一切为时已晚。

恋爱中，即使两人很甜蜜，也不要忘了保持清醒，不要在爱情中迷失自我。更不要在爱情中盲目，任何时候都要分清楚男女关系，这样才能避免失去自我。

大二的学生雪婷认识了有共同爱好的高峰，两人很快就陷入热恋。在雪婷眼里，高峰英俊潇洒、待人热情、乐于助人，高峰的出现令雪婷的生活发生了天翻地覆的变化。她开始每天和高峰约会，和他分享各种生活细节。

而在雪婷眼中完美的高峰其实是一个不学无术的人，他曾多次因偷窃而被公安机关教育处理。后来，高峰动起了抢劫的罪恶念头，并且多次抢劫成功，然后他再用这些抢来的钱尽情挥霍。有一次，在抢劫一位年轻女性的时候，由于对方激烈反抗，他用手中的刀袭击了那位女性，致使她因失血过多而当场死亡。

当公安部门找到高峰让他协助调查的时候，雪婷仍然选择相信他，还表示要对爱情忠贞不渝，发誓不离开高峰，甚至还帮助高峰藏匿。当她身边的朋友知道这件事后，劝说她让高峰去自首争取宽大处理，但雪婷和这些一心为她着想的朋友绝交了。

最后，高峰落网，被判处死刑。雪婷也因为包庇罪，判了3年有期徒刑。在爱情中不清醒，雪婷付出了巨大的代价。

希腊有一句名言说：“感情必须温暖理智，但理智必须诱导感情。”也就是说，即使你深陷爱情的甜蜜美好中，也不要失去了理智。

1.要树立正确的恋爱观

首先，爱情的基础是相互信任和相互理解。爱情中双方都应该学会奉献与承担责任。其次，每个人都应该学会协调好工作、生活和爱情三者之间的关系，不要因为爱情而影响正常的工作和生活，否则得不偿失。

2.学会拒绝那些自己不愿意、不希望或不值得接受的爱

大千世界，在面对他人的追求时，有接受自然也有拒绝。当你遇到一位自己并不喜欢的人的追求之时，应该学会委婉地拒绝。

爱情不止浪漫，还有包容

爱需要的是包容，而不是挑剔。一颗挑剔的心，让两个人都无法在婚姻中感到幸福。人们常说相爱容易相处难，这都是因为双方不懂得包容。

每个人都有不同的性格、生活环境、思想，两个在各个方面都不尽相同的人共同生活，若不能包容对方，那么迎接他们的将是不尽的争吵。若学会包容，主动改变自己，让自己适应对方，那么婚姻将会更加幸福美满。爱情需要多些包容，而不是改变对方，两个人之所以相爱，爱的就是独一无二的他（她）。

萌萌是一个漂亮的女孩。前不久，她和小明结婚了。萌萌俨然是一个众人羡慕的对象，她不仅有一个十分好的工作，而且她的老公小明是一个高干子弟，长得高大帅气、文质彬彬，又在一家事业单位上班，工资高，家里有房有车。谁知道，几年以后，萌萌就与她的老公离婚了。

原来，萌萌离婚只因她嫁给了一个“好好先生”，她嫌小明没脾气，说两口子自从结婚到离婚，从来都没红过脸、吵过架。萌萌说，小明是一个性格懦弱的人，无论在外面受了多大的委屈，都不知道据理力争，总是毫无原则地退让。在单位受了委屈，总是一忍再忍。萌萌总是劝告小明别再忍耐，可是小明毫无改进。

在家里，萌萌和他商量事情，他总是说让萌萌做决定。萌萌发脾气时，他就默不作声。萌萌实在无法忍受老公的脾气，感觉两个人一起生活是一种折磨。最后，他们的婚姻走向了尽头。

爱情也是应该相互包容的。即使对方有什么小缺点或者做错了什么事情，你都应该学着宽容对方，给对方改正的机会。夫妻间的相处也需要学会宽容这一门艺术。

当你发现你已经学会宽容对方，那么说明你已经懂得了付出，找到了爱的真谛。当然，包容也不是毫无原则的。包容是用心去拥抱爱情，而不是毫无原则地退让，最终将对方推向万丈深渊。因此，两人在一起不会只是风平浪静的相处，有爱的日子也会有争吵，而我们在这些事情中看清自己的缺点，一起成长，才能最终走向幸福的生活。

1.包容爱人的负面情绪，完善自己的个性

情绪也有积极和消极之分。有很多消极情绪影响着我们的工作和生活，如伤心、失望等。心理学的研究显示，那些心直口快、心里藏不住秘密的人更容易把自己的情绪感染给他人，因为他们对于情绪表达的需求更加强烈，另外，内心较为脆弱的人则更容易受到他人消极情绪的影响。因此，我们若想不被对方的消极情绪传染，就应该先完善自己的个性，当你变成一个宽容大度的人的时候，那些消极的情绪就无法左右你了。

2.换位思考

包容自己也包容别人。我们应该学会换位思考，处在对方的角度看待问题，这样就能理解对方的想法和行为了。在换位思考中，我们可以发现自己的缺点，这样就能更宽容对方了。

3.多交流，表达自己的想法

很多时候，误会和错误的产生都是由于双方缺乏沟通。对此，爱人间也应该多多交流，表达出自己的想法。这样就能消除误会，还能拉近彼此的感情，让双方之间更加信任，感受到彼此的关爱。

越亲密越需要相互尊重

俄国大文豪列夫·托尔斯泰说："家庭成员之间必须互相尊重，而不是互相拴上链子。"爱人之间亦是如此。无论一个人是什么职位，有多少财富，在爱情中，每个人都应该是平等的，互相尊重是爱的基石。爱一个人，你就应该尊重对方，这也是对自己的尊重。若爱人间连最基本的尊重都没有，那么爱就如同搁浅的小舟，不知道未来会漂流到何处。

思思是一个农村的姑娘，她温柔大方，学习刻苦，毕业于一所著名的大学。她在学校期间表现优异，在学校领导的推荐下，就职于一家知名企业。在工作期间，她认识了气质儒雅、阳光开朗的同事小亮。两个人很快陷入爱河，不久两人走入了婚姻的殿堂。

婚后，思思觉得自己出身农村，而小亮是城里人，她开始自卑，包揽了家里所有的家务，并想尽办法讨好家里的每一个人。思思下班回家后，还要做很多事情，每天都身心疲惫。

而她的丈夫也不知道关心她，每天回到家后就什么也不做。要是在工作中遇到什么不顺心的事情，他还会将气都撒到思思的身上。开始时思思还跟他顶嘴，结果小亮开始表现出一副不在意的样子，思思只好宽慰自己，但是深夜的时候，她常常独自哭泣。

思思怀孕后，父母来城里看望女儿，小亮也是一副高高在上的样子，连基本的礼貌都没有。思思觉得很受伤，但是为了家庭的和睦只好忍了下来。

她怀孕期间，小亮开始经常夜不归宿，根本不关心她。思思在家里还有做不完的家务。思思一直在问自己，自己这样做是否正确呢？在爱情中，自己怎么连对方的尊重都没有得到呢？

无论是在恋爱里，还是在婚姻里，卑微是留不住人心的。试想，当你自己将自己放在一个很低的位置，自己都不尊重自己，何谈他人的尊重呢？

夫妻亲密归亲密，但也应以彼此尊重为基石，千万不要忘了这一点。尊重是所有感情的基础，也是所有家庭幸福的基础，唯有夫妻间相互尊重才能过得更加温馨、快乐。

那么，我们与恋人相处时，该如何用语言表达出你的尊重之情？

1.学会使用万能用语

与爱人相处时，我们应该学着用语言来表达出对对方的尊重，最为简单的语言就是 “请”。生活中，与“请”搭配的词语数不胜数，比如，“请走这边”“请说”“请稍候”。原本都是一些极为普通的语言，然而，一旦与“请”字搭配起来，无形之中，既表现出你良好的修养，也表现出了对对方的尊重。因而，你可以学着使用万能的用语，让生活更加美好。

2.学会使用“谢谢”

生活中，有的人认为亲密的人之间说“谢谢”会显得十分生疏，所以就将对方所做的所有事情都当作理所应当。其实事实并非如此，婚姻专家揭秘，和谐的恋爱关系是需要双方共同经营的，而其中就包括语言的沟通。爱人之间的“谢谢”不是一种生疏的表达，而是内心深处的一种感动。与爱人交往时，无论对方为你做了多么小的一件事，你的一句“谢谢”都能让对方感受到你的重视和尊重，何乐而不为呢？因此，不要因为你们之间亲密，你就忽略了对方的付出，请大胆向对方表达你的谢意吧。

3.多征求对方的意见

现实生活中，许多人喜欢为对方做主，所有的事情都要按自己的意思来办。其实，一段长久的爱情应该建立在彼此尊重的基础之上。每个人应该懂得想要让对方幸福，就不应该剥夺他发表自己意见的权利。所以，遇到事情的时候，你应该学着征求对方的意见，这样不仅能更好地解决问题，还能表现出你对他的尊重。

别让你的唠叨磨灭了感情

艾里斯·克拉斯诺曾经说：“对于婚姻来说，最大的破坏性因素就是唠叨。”若你是一个习惯唠叨的人，请试着改掉这一习惯，除非你不想好好经营你们的爱情。

唠叨是一种让人难忍的讲话习惯，说话絮叨的人时常因为一些小事而喋喋不休，而对唠叨者的听众来说这无疑是一种折磨。有的人认为唠叨是女性的专利，而事实并非如此。美国研究人员通过实验证明，其实男人也像女人一样爱唠叨。唠叨就如同刺耳的噪音，无论在哪里出现，都不会受欢迎，反而受到一致抵制。除了遭人厌烦外，唠叨还是人们和谐生活的破坏因素。

露丝是个温柔大方的女孩，她唯一的缺点就是爱唠叨。在她结婚之前，她的朋友就叮嘱她：“你实在太唠叨了，以后一定要注意改掉这个毛病，不然会吃亏的。”但露丝对朋友的忠告不以为然，觉得这都是小问题。

不久，露丝结婚了，她还是与之前一样爱唠叨，对一件小小的事情就能反复说上半天。若她的丈夫在某些方面做得不好，她就能一直说上几个小时，直到对方快要受不了才结束。甚至哪一次想起这件事情，她就又开始唠叨很久。

在两人刚刚结婚的时候，她的丈夫还能无限度地容忍她。但随着结婚的时间越来越长，她的唠叨毛病越来越严重，在加上工作上的压力越来越大，她的丈夫渐渐觉得她实在难以让人忍受了，并觉得婚姻生活越来越不幸福。终于有一天，当露丝像以往那样唠叨不休的时候，她丈夫实在忍受不了了，与露丝大吵起来。而这一次矛盾的爆发一发不可收拾，两人开始了两天一小吵、三天一大吵的生活。一年半后，两个人结束了这段婚姻生活。

露丝正是因为唠叨而失去了自己的婚姻。卡耐基在他的《人性的弱点》中说过：“唠叨是爱情的坟墓。”但是，很多人像露丝一样还没有意识到唠叨的危害，甚至认为自己是爱之深责之切，认为唠叨恰恰能表现出自己对对方的爱，以为唠叨可以成为促使对方变得更加优秀的动力。可婚姻中的一方是一个唠叨的人，那么对方是很难感到幸福、快乐的。陶乐丝·狄克斯认为：“一个男人的婚姻生活是否幸福和他太太的脾气性格息息相关。如果她脾气急躁又唠叨，还没完没了地挑剔，那么即便她拥有普天下的其他美德也都等于零。”

许多家庭破裂的源头都是一些不起眼的小事，因小事唠叨进而引发更大的矛盾。聪明的人不会整天喋喋不休，而是选择更加合理的发泄方式，适当表达自己的情绪。这样做往往能令自己和对方都能过得更加幸福。

1.冷静地对待不愉快的事

如果发生了不愉快的事，不要急于指责对方，暂时平复一下情绪。待情绪稳定后，两个人可以冷静地讨论事情的解决方案。若讨论过后两人都觉得这是一件微不足道的小事，那么两人一定不好意思再提起。另外，夫妻在讨论问题时也应保持冷静，理智思考，尽可能地用合理的解决方案来消除怒火。

2.用温和的方式达到目的

西方有这样一句谚语："用甜的东西抓苍蝇，要比用酸的东西有效多了。"这句话在今天仍有现实意义。想要实现自己的目的，你不妨试着选择一些更加温和的方式来处理问题。这些温和的方式能让你事半功倍。

3.学会激励

学会激励，而不是驱使别人去实现你的期望，这是爱人间相处中必须掌握的一门艺术。如果你不是时常激励对方，而是用唠叨或者责骂的方式让对方行动，那么，想要实现自己的期望是很难的，这还很可能破坏夫妻间的关系。

与爱人的对话也需要技巧

在婚姻中，很多争吵的原因都是一些无关紧要的小事。专家研究发现，很多情侣和夫妻的争吵是完全可以避免的。很多时候，他们吵架并不是因为事情本身，而是因为对方的态度。有的人总是用命令的语气和爱人说话，这就会引发很多矛盾。

美国著名人际关系学家戴尔·卡耐基曾经这样说过：“‘建议’比‘命令’更能维持对方的自尊，也更能让他乐于改正错误，与你合作。”这个道理在爱人间也同样适用，使用建议比命令更容易让对方接受。

影片《维多利亚女王》中有这样一组镜头：

维多利亚女王加班到很晚，当她走回卧房门前时，发现房门紧闭，于是她抬手敲门。卧房内，她的丈夫阿尔伯特公爵问：“是谁？”“快开门吧，除了维多利亚女王还能是谁？”她命令她的丈夫开门，但是房里没有任何回应。

她接着又敲，阿尔伯特公爵又问：“请再说一遍，你到底是谁？”“维多利亚！”她依然故我。卧室内还是没有任何声音。

她停了片刻，再次轻轻敲门。“谁呀？”这回维多利亚轻声应答：“我是你的妻子，给我开门好吗，阿尔伯特？”这时，阿尔伯特公爵打开了门。

在这个故事中，维多利亚女王最开始命令她的丈夫，但是对方拒绝了她的要求，只有当她转变态度，把自己看成和对方平等，并且只是建议对方的时候，她的丈夫才满足了她的请求。

和维多利亚女王的丈夫一样，没有人愿意接受命令，没有人希望在婚姻中对方还把自己当作下级那样对待。所以，与其命令他人不如给他人建议。这是因为提出建议的方法很好地维护了一个人的尊严，给对方一种尊重感，促使他与自己合作，而不是对抗。生活中，你会发现，建议往往比命令更有效。用建议的方式不仅不会伤害对方的自尊，而且能使他接受你的意见。

在婚姻中，你应该：

1.学会尊重对方

命令一般应用于不同级别间，如领导和员工、长辈和晚辈，发出命令的人必然是在地位上高于接受命令者。而在家庭婚姻中，夫妻双方是平等的，并不存在上下级关系。如若你总是命令对方，就是人为地将彼此的关系设定为不平等的，这对你的爱人是十分不尊重的。若你习惯性地命令爱人，那么爱也会逐渐变得千疮百孔，甚至被消磨干净，取而代之的是各种各样的矛盾。

2.学会和爱人相处，为爱情保鲜

爱情并非无坚不摧，也需要维护才能更好地享受爱情的美好。而你每一次的命令都会令爱情蒙尘，多次累积之后，爱情也就失去了原本的甜蜜。在家庭中，你千万不要争着去做一个发号施令的人，而应该试着成为一个真诚地给他人建议的人。当你想要表达对对方的想法的时候，不妨试着对他提出建议。这样是否接受你的意见的主动权还在对方的手中，对方更容易接受，而这样做也更容易达到预期的效果。

自言自语可以缓解精神压力

现代心理学家发现自言自语是一种解决精神压力的有效方法。一个人可以倾诉的对象有很多，如朋友、家人、同学等。若身边没有可倾诉的对象，你可以试着自言自语，既不必担心自己的秘密泄漏出去，也能很好地缓解消极情绪的影响。

自言自语并不是一个不良的生活习惯。恰恰相反，自言自语是一种自我调节、缓解心理压力的方式。在心情不好的时候，很多人都选择以自言自语的方式将心中的苦楚说出来。当人们苦于被消极情绪折磨而又一时找不到倾诉对象的时候，出于人类自我保护的本能，便会试图通过自言自语的方式将自己心中的情绪表达出来，使自己的心理达到平衡。就是说，当人们受到外界因素刺激时，用“自言自语”的方式来缓解内心的压力，是一种积极的心理调节方法。当没人倾诉的时候，你不妨试试自言自语，让自己重新找回快乐。

心理学家认为，自言自语的作用体现在很多方面。

1.保持镇静

自言自语是令人恢复镇定的一种有效方式：调整思绪，自己对自己说话，有助于大脑保持冷静，尤其是在紧张、劳累时。

2.调节情绪

自言自语也是有效地发泄情绪的方法。若任伤心、失望、抑郁等消极情绪积压在心中成为沉重的负担，会消磨掉我们生活中的快乐和幸福。而自言自语能将消极的情绪及时地发泄出来，有助于达到重新找回幸福、快乐的目的。

3.改善睡眠

冥思苦想和各种不良情绪可导致人们的睡眠质量下降，而自言自语则能改善这一状况。自言自语能减轻消极情绪对我们产生的影响，从而改善睡眠的质量。

4.自我暗示

自言自语还相当于一种自我承诺，其原理有些类似于自我暗示。当我们情绪不佳的时候，若能站在镜子前对自己微笑一下，或许会感觉到心情好起来了。因此，当我们失意时，不妨多对自己说一些激励性的、积极的话语，让你的大脑接收这一信息，从而利于心理健康。除此之外，自言自语是一种个人的行为，不会耽误他人的时间，也不会将自己消极的情绪传染给他人，更不会泄漏自己内心的真实情感或者小秘密。

在日常生活中，总有人认为自言自语是一件很难理解的事情。其实，自言自语并不是坏习惯，也不是心理有疾病的一种表现。自言自语有利于人们的身心健康，能让内心获得片刻的宁静，能让人们受伤的心灵获得慰藉。

有问题及时沟通，不把抱怨埋在心底

在现实生活中，许多人将气愤的情绪闷在心中，不知道发泄，这就是所谓的生闷气。虽然这样的人不轻易表现出自己的情绪，但是他们也不能称之为生活的勇士。

喜欢生闷气的人，常常将那些消极的情绪深埋在心底。其实，生闷气是一种自我折磨。生闷气的原因并不一定是遇到不好的事情，更多的是人的主观内在因素。观察身边的人，我们就会发现，那些性格相对比较内向的人往往爱生闷气，当他们遇到不如意的事情的时候，不愿意去发泄自己的情绪，使那些消极的情绪积压在心中，常常感觉到痛苦、悲伤。事实上，若将心中的不快发泄出来，他们也就不会那么痛苦了。

生闷气就是自己和自己过不去的表现。聪明的人都懂得自我调节情绪，遇到不愉快的事能够不想它或驱走它；而习惯生闷气的人则不然，他们常把那些伤心、抑郁等情绪郁积在自己的心中，不知道给消极情绪找一个发泄的出口。因此，想要善待自己，就应该学会调节自己的情绪，千万不要将闷气积压在心中。

张先生是一个性格内向的人，也没有什么朋友。遇到不顺心的事情的时候，他只是积压在心底，即使在家里也不向妻子诉说。

由于他的沉默寡言，在公司也没有什么谈得来的同事。若在工作中遇到了不好的事情，他也会生气，但一直沉默以对，从来没和别人说过。直到前几天，一个大型合作的项目出现了重大的纰漏，本来和他没有多大关系，但同事们把责任都推到了他身上。张先生怒火攻心，但还是习惯性地保持沉默，但内心十分难受，然后突然晕倒在地。送医院抢救之后，医生说，张先生由于长期精神紧张，诱发高血压和冠心病，需要马上住院进行治疗。

从心理上讲，生闷气是一种不愉快的情感，是一种对我们的健康有危害的消极的情绪。中国古代曾有“百病之生于气也”“怒伤肝、忧伤肺”

的说法。生闷气可以使内脏活动和内分泌系统失常，造成食欲不振，消化不良。长期生闷气还会导致心脏病、高血压等疾病。所以，若你有爱生闷气的习惯，应该学着改掉它。

怎样消除爱生闷气的毛病呢？可试用以下方法：

1.拓宽心胸

凡事想开些，生活中也就没有那么多令自己生气的事情了。有梦想、有追求，心胸自然就会变得开阔。心胸开阔，自然能与人和谐相处，自然能少些悲伤和失落。一位哲人说过，温暖别人的火，也会温暖你自己。如果一个人只是一心追求个人欲望的满足，就会陷入永无止境的苦恼之中。何不拓宽心胸，享受更加精彩、幸福的生活呢？

2.学会排遣烦恼

一般来说，生闷气一定是某个人或者某件事引起的，若不及时转移自己的注意力，就会加剧情绪的恶化。因此在生气时，不妨试着转移自己的注意力，将自己的目光转移到一些有意义的事情上去，如运动、听音乐等。那么，心中的闷气自然就消除了。

3.扩大社交

多参加集体活动，从个人的情绪中走出来，当你融入更大的团体中，成为其中的一员时，你就会发现，你所气愤的事情其实并没有那么严重，也就能更快地从不好的情景中解脱出来。当你有了更多的朋友，就可以将那些苦闷和埋藏在心中的痛苦都向他们倾诉。能倾听你心声的朋友也能够理解你，安慰你，这样你心中的闷气就能发泄出来了。身边一时没有朋友的话，你还可以给朋友打电话诉说，这也是一种很好的排解消极情绪的方法。

4.充实知识

读书学习是消除闲愁的良方。张海迪在受到疾病折磨时，沉浸在知识的海洋中，忘记了痛苦，精神境界不断得到升华。知识能给人无穷的力量，给人强大的支持。“心灵中的黑暗，必须用知识来驱除。”书籍能助我们驱逐心中的闷气。

参考文献

[1]孙科炎.情绪心理学[M].北京：华文出版社，2012.

[2]和田秀树.别让坏情绪，赶走好运气[M].北京：北京联合出版公司，2017.

[3]云卓.别让失控害了你：如何掌控自己的情绪与生活[M].深圳：海天出版社，2014.